包 装 设 计

［美］瑞秋·威尔斯　著

　　王　姝　译

中国纺织出版社

内 容 提 要

无论是哪个年代，都离不开返璞归真的包装设计，本书就是从这个独特的视点出发，吸引人更关注手工制作的包装以及凸显出其潜在的定制市场及材料的可持续性和回收。《包装设计》内容涵盖材料、印刷、运输和可持续性的建议，描述详细，有专业的分析和成品实例；还讲述各种包装的技巧，包括标签设计、包装盒设计、包装袋设计、CD盒设计、包袋设计和面料以及包装类型，并提供详细教程和案例研究，从中你可以学习他们的设计理念和方法；另外，也分享了专业操作技术及相关软件应用以及相关工作室提供的业界建议。

原文书名：Handmade Packaging Workshop
原作者名：Rachel Wiles
Copyright © 2012 RotoVision.

图书在版编目(CIP)数据

包装设计/（美）威尔斯著；王姝译. —北京：中国纺织出版社，2014.10

书名原文：Handmade packaging workshop

ISBN 978-7-5180-0336-5

Ⅰ．①包… Ⅱ．①威… ②王… Ⅲ．①包装设计 Ⅳ.①TB482

中国版本图书馆CIP数据核字（2014）第000764号

策划编辑：张 程 李沁沁 责任编辑：韩雪飞
责任校对：寇晨晨 责任设计：何 建 责任印制：储志伟

中国纺织出版社出版发行
地址：北京市朝阳区百子湾东里A407号楼 邮政编码：100124
销售电话：010—67004422 传真：010—87155801
http://www.c-textilep.com
E-mail: faxing@c-textilep.com
中国纺织出版社天猫旗舰店
官方微博 http://weibo.com/2119887771
北京利丰雅高长城印刷有限公司印刷 各地新华书店经销
2014年10月第1版第1次印刷
开本：889×1194 1/16 印张：10.625
字数：117千字 定价：68.00元

目录

简介

  这本书阐释了简单的纸质包装带来的温暖和魅力，以及如何提升顾客打开包装之前的期待度。当你面对打好的蝴蝶结时，一些微小的不平整的结，或是指尖上留下的些许痕迹，就会使你想象到那双包装它们的充满爱的手和里面美妙甚至是绚丽的东西，能诱发这种感觉是因为包装上充满了手工的痕迹。

  这本书讨论了最独特的"纸质包装"，在某种程度上，它是手工元素中最有感染力的。从标签、纸盒、拎袋到面料，我们将对其手工制作、手工元素、手工印花工序等技术展开讨论，这些都会使得一件物品超越普通包装，变得更加与众不同。

图标说明

 1. 手工制作

 2. 手工元素、
   需要机器再加工

 3. 手工审美

 4. 手工元素

 5. 手工整修

设计要素

这一章节着重讨论了设计上的考量，包含了包装基础原则的概述，让初学者在一开始就建立起了比较全面的知识体系。毕竟，当你在包装时完全不顾运输成本，或者忘了算上凸版印刷所需要的制作周期，再完美的包装也会失去实际的效果。这一章里还介绍了包装设计的基础、必要的工具（和一些虽不必要，但使用起来有趣的工具）、包装材料、印刷方式、印制和物流运输以及那些始终存在的流行语和包装的可持续性。

可再生使用的元素

这部分主要分析了可持续性、可再利用的包装，从包装面料到用酒瓶改造的烛台。我们现在的生活环境已变得如此脆弱，环保已经变成了一个重要议题。我们看到很多企业都穿上"环保"的外衣，相信真的是有很多设计师们真正关心可持续发展，他们在选择包装材料和工艺时越来越小心，并且会考虑到其对环境的影响。从大豆油墨到纸浆，有越来越多的生态保护性工具材料可供包装选择。

包装元素

这部分将着重分析具体的包装组成，深入研究几个非常优美的手工包装。这些包装都是手工制作的，并且具有一定美感。为了展示得更清晰，每一款包装都有涉及图注的手工工艺。这些精挑细选的有趣案例将使我们体会设计者或者是工作室的构思和创作过程，并在成品的完成度上做得更完美。

专业级别的教程

这一章节着重介绍了一些设计师的工作模式，他们的作品也在不同章节中有所展示。当我决定写一本关于包装设计的书时，就不可避免地翻阅了很多精美的照片（并且特别留意了照片上出现的设计室和工作室的信息）。我非常愿意向设计师/设计工作室学习他们的工艺，了解是什么激发了他们的想法。每个设计师/设计工作室都是与众不同的，有着丰富多样的观点、设计工艺和灵感，希望你能产生共鸣。

基本
设计要素

第一章　工具和设备

无论你是包装初学者还是久经历练的职业老手，一些工具都是设计和制作包装时必不可少的。与此同时，还有一些工具虽不是必需品，但也会为作品带来更多的创造力。

打印机

对于在家工作的自由职业者或是新手设计师来说，一到两个打印机是不可或缺的，可以用来打样。如果预算不那么紧张，建议至少要配备两个打印机：一个经济型的用于日常的打印，例如打印一些日程、合同等，另一台配置高的打印机用于打样、打印演示文稿等。对于日常打印机，可以从惠普、佳能、柯达、爱普生等品牌中选择一款多功能的，既可以打印、扫描，也可以复印。高配置打印机就可以选择彩色激光打印机或者是大型的喷墨打印机。佳能、爱普生和惠普都是比较值得信赖的品牌。打印机的选择永远是多种多样的，所以最好还是要根据自己的需求和打印规格来选购打印机。用户的使用评价往往更具参考价值。

裁剪工具

美工刀

美工刀在精确裁剪包装样品时特别有用。购买不同大小的美工刀，再配置好足够的刀片，当开始包装工作时，你会非常欣慰采购了这些工具。即使是熟练操作者，也可能会偶尔被美工刀割伤，所以使用的时候一定要非常小心，美工刀都是很锋利的。工作时，不妨在手边放一盒创可贴，以备不时之需。

切割垫和尺子

切割垫是不可缺少的工具之一，它保证了设计师裁剪和测量的准确性。购买的尺寸越大越好。它会让很多工作都变得更轻松。同时，尺子的选择也很重要。金属尺更适于精确的剪裁，并且在使用美工刀时也能游刃有余。软木尺的优点则是防滑。

图1

图1　在设计包装时，美工刀能体现出无限价值。许多设计师有着比较分散的工作区，并排放着钢笔和铅笔。

所以要有不止一把尺子，并且至少要 24 英寸（约 61 厘米）长。

软件

　　Adobe 系列的设计软件都很值得推荐，像是 InDesign、Illustrator 和 Photoshop，这些都是行业标准。Adobe 软件还为教育用户提供线上折扣，如果是学生的话，不妨在网上进行购买。

其他丝网印刷

　　购买一套基本的网格印刷工具，或者上网搜索一下，会有不计其数的教程教你如何自己制作网格印刷，从无到有，并且考虑到成本。这种印刷方法虽然需要一定的技术，但却是在设计中增添手工美感的相对简单的方法了。

　　Gocco 打印机是一款日本的彩色丝网印刷机，看起来如玩具一般，但是却能制作出惊人的效果，操作起来也很简单快捷。相对传统丝网印刷而言，它不需要太长的学习过程。根据网站 SaveGocco.com 的介绍，"这套印刷系统运用闪光灯、碳素图像影印以及感光屏。当手动控制灯泡曝光后，碳会将感光屏上的图像烫制到模版上。一次或多次印刷都可运用几种不同颜色的墨水，墨水印量可达 100 次。Gocco 打印机的粉丝们都很喜欢它的尺寸以及简洁、成本低、一次可运用多种颜色的特点。"

　　需要注意的是，Gocco 打印机的生产商 Rios 已经于 2008 年停止生产这种打印机了，并且将最后的库存都转手给了供应商。不过，还是有大量的 Gocco 爱好者和供应商的，所以如果对 Gocco 打印机有兴趣，想多加了解或者是购置一台的话，可以去 www.savegocco.com 这个网站上看看。

凸版打印机

　　凸版印刷是最普遍和最古老的印刷方法。要想熟练掌握此方法，需要耗费大量时间、精力和耐心，但是其效果的精美和延展性是其他打印方法无法媲美的。建议在购买凸版印刷机之前，先做好充足的准备工作，最好能上一些入门课程。可以先到 www.briarpress.org 和 www.fiveroses.

图2

org/intro.html 这两个网站上进行一些了解。

图 2　Chandler & Price 凸版打印机是凸版爱好者的首选，但是它比较笨重，并且价格不菲。

第二章　材料和资源

先进的技术让商业包装上可使用的材料越来越多。但并非所有材料都可以用作手工包装，或是适用于手工工艺。在这一章中我们将探讨手工包装中常见的材料。

图1

选择标准

开始挑选任何材料之前，都应该将以下五点纳入考虑范围，这些对挑选结果都有一定的影响。

1. 包装的产品——是什么？是否要被运送？如果是，会采用哪种运输方式？

2. 储存和保护——产品将如何被储存？是否需要额外保护或者特殊储藏，例如，需要在特定温度下储藏。

3. 市场定位——目标消费者是谁？产品在何处销售才能让目标消费者接触到？什么样的包装可以让产品在目标销售市场上脱颖而出？

4. 成本和制作周期——材料的价格和制作流程，包装从头至尾所需要的制作周期。你是需要制作周期短的包装还是你承担得了较长的制作时间？

5. 规模——如果是小本经营，则应考虑包装的规格。如果你的生意正处于成长阶段，要考虑成本和制作周期是否与你的包装风格密切相关？一旦成本增加或制作周期缩短，你是否就需要重新设计包装？

玻璃

玻璃作为一种普通材料，是非常不错的包装选择，有以下几个原因。

· 环保
· 可触感到的，具有实感
· 适用于多种印刷及标签技术
· 防水
· 卫生
· 可用于保护感光材料
· 可保持存放物体的新鲜

那玻璃有什么缺点呢？那就是与其他类型的包装材料比较，玻璃太易碎了。

玻璃是很好的包装材料，从饮料到个人护理用品，这些都可以用玻璃制品来包装。只是在你选择玻璃材质之前，要考虑到运输途中的保护。此外，玻璃自重也不轻，这同样导致了产品运输成本的增加。

最常用的玻璃是Ⅲ型玻璃，多用于制作苏打水瓶、酒瓶、香水瓶、广口瓶等。这类玻璃制品都是由经过处理的商用钠钙玻璃，有着比一般玻璃更好的耐化学性，它可以用来保存大多数物品，除了不能被高压灭菌和存放冷冻干燥剂。

对于 pH 值非常敏感的药剂或化学制品来说，Ⅰ型玻璃更适合包装。Ⅰ型玻璃有较强的耐受性，并且能释放一点可溶性无机盐，维持瓶内的 pH 值。

图 1　Viola Sutanto，是个人设计项目。布面包装非常简单，传统的布包装方巾，通常都是真丝的，但是棉、人造丝、尼龙等面料也可以使用。

塑料

塑料的名声一直不太好，但如果考虑到产品需要长时间运送的话，塑料包装是个不错的选择。它具有柔韧性、耐撕扯，并且可以承受较大的温差。塑料重量较轻，并且制作成本较低，通常有以下六种材质。

1. 高密度聚乙烯（HDPE）是最常用的塑料之一。这类材质坚硬且不传热。除了溶解性液体之外，可用于盛装大部分液体，多用来包装牛奶、洗涤剂、家居清洁剂、个人护理用品，如洗发水、护发素等。

2. 低密度聚乙烯（LDPE）经常用于服装和食物的包装。或者制作成有弹性包裹力的膜。

3. 聚酯合成纤维(PET)多用于包装水、苏打、调味料。

4. 聚氯乙烯（PVC）通常用于包装枕巾、床单等床上用品套装。因为 PVC 既防油又透明。

5. 聚丙烯（PP）是另一种用于制作瓶子的塑料材料，也常用于制作瓶盖。但它不像 PET 和 PVC 一样是透明的。

6. 聚乙烯（PS）这种材质可以有多种形式，多种用途。从 CD 到珠宝首饰盒、药瓶或保鲜饭盒。

纸板

"纸板"一般是由再生纸和木浆合成的纸制品，比较典型的纸板是由几层纸压制在一起的。纸板有着不同种类。漂白纸板（或是白底灰心纸板）非常易于印刷、折叠，这些鲜明的特点非常适用于做折叠纸盒、牛奶盒、食品盒。

瓦楞纸

通常叫作硬纸板。这种材质比较环保，并且包装适用面广泛，小到肥皂，大到电脑。

罐头

如今的罐头都是由铝合金和铁制品制作而成的，通常外观由塑料或纸标签来做装饰。罐头主要用于食品包装，而且小铁罐通常被用作蜡烛或蜜饯的包装，成本也不高。同时，铁罐也有很高的回收价值。

浆纸

模制浆纸是由自然纤维素纤维制成的，可以很容易地降解且可持续使用性较高。传统上，浆纸常与包装盒嵌入卡、包装杯子的纸托和鸡蛋盒联系在一起。现在浆纸越来越被一些有环保意识的公司所采用。

布

从粗麻布、帆布到精纺细织棉，布料是一种比较容易操作的包装材料，而且适用于网版印刷。

图 2 Aesthetic Apparatus 工作室（详见 P76）为 Andrews and Dunham Damn Fine Tea 茶叶品牌设计了图片上的这些标签。这个手工茶叶品牌的每个标签都是由该工作室手工印刷并粘贴到铝合金罐子上的。

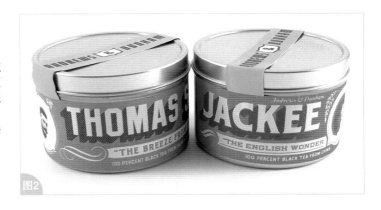

图2

资料库

材料

Specialty Bottle

www.specialtybottle.com

这个网站有着种类繁多、大小不一的包装设计（涉及玻璃瓶、玻璃缸、铁罐、塑料瓶、塑料罐、铝合金罐和一些特殊产品）。无论数量多少，都可以直接采购。

Ebottles

www.ebottles.com

该公司的产品跟 Specialty Bottle 的产品大部分都很类似，但是仍有部分瓶子的尺寸和样式有着很大差异。因此，如果你要寻找特殊样式和尺寸的包装，可以多参考几个网站。该公司也供应水瓶、铁罐、精美的进口玻璃瓶和彩妆香水玻璃瓶。少量购买和大批量的采购，价格上会有些差异。

Moulded Fibre

www.molded-pulp.com

这个网站上并没有标价，但是展示了很多模制浆纸制作的精美产品，所采用的都是环保材料。

Uline

www.uline.com

该网站几乎有所有你需要的运输包装材料，还售卖价签、定制标签和胶带、CD 及 DVD 包装盒和其他一些可定制的产品。

Packaging Supplies

www.packagingsupplies.com

该网站有大量的包装和运输物品，而且它所售卖的盒子质量特别好。但是采购数量必须不低于 100 件。

Associated Bag Company

www.associatedbag.com

又一个货品众多的网站，以包装袋闻名。

Clearbags

www.clearbags.com

此网站有着各式各样的透明包，也包括可降解环保袋。

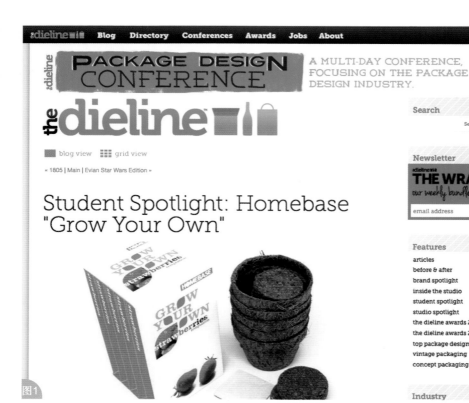

图1

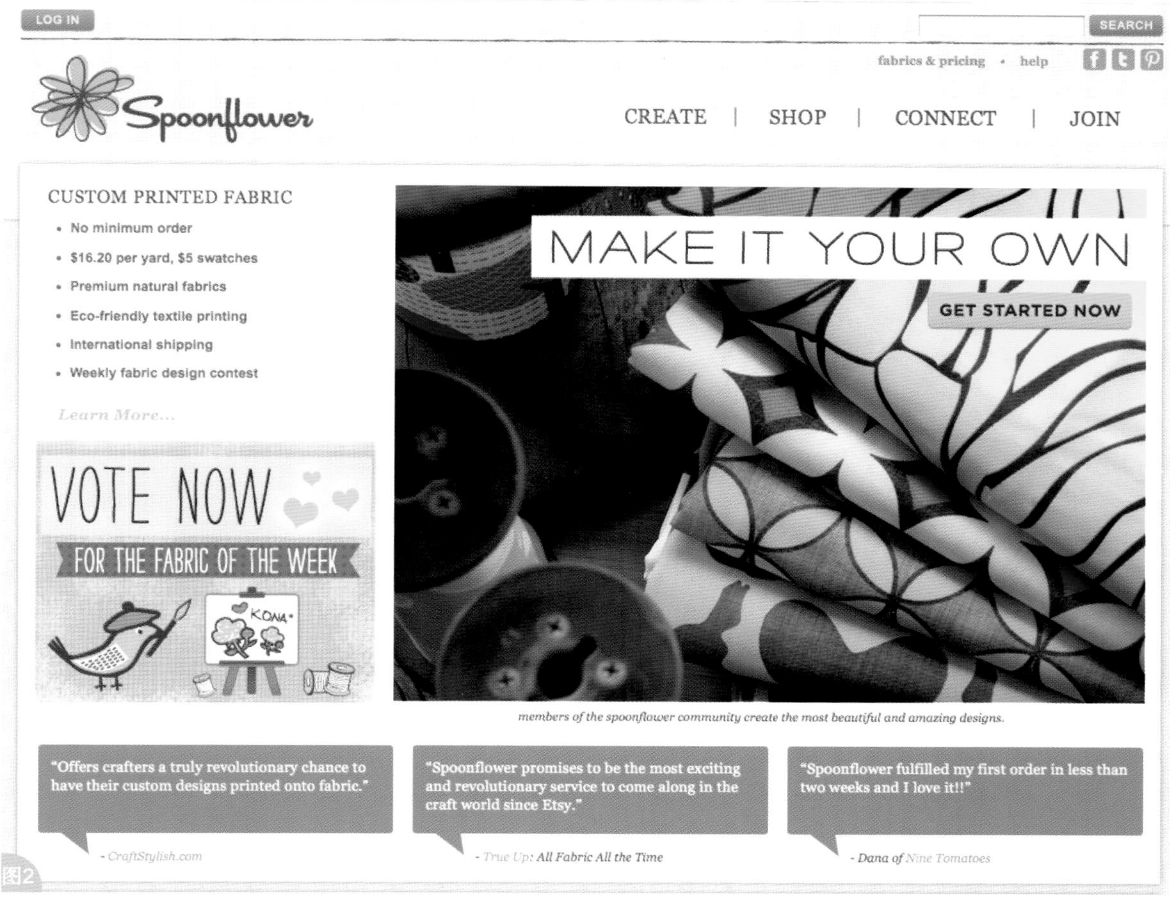

图2

图1 Dieline 网站展示了一些具有创新性的成功的包装设计。这个网站总是能紧跟当今潮流。

图2 Spoonflower 网站提供了一个既简单又便宜的印刷解决方案，可以印刷并邮寄定制的布料花纹。

Papermart
www.papermart.com
Papermart 提供了 26000 多种产品可供挑选，范围从软质聚乙烯塑料袋到纸质手工制品，一应俱全。

Nashville Wraps
www.nashvillewraps.com
该网站提供了很多环保、天然的包装选择。

Muslin Bags
www.muslinbag.com
这里提供了众多不同尺寸的棉布袋。

Spoonflower
www.spoonflower.com
上传想要的图案或设计到这个布料印刷网站，有多种布料可供挑选。定制并印刷的布料可以直接送到你家里。

设计

The Dieline
www.thedieline.com
在这里可以得到包装设计的最新的潮流资讯。

Lovely Package
http://lovelypackage.com
该网站展示了很多具有启发性的包装样品。

Packaging of the World
www.packagingoftheworld.com
另一个介绍包装设计资讯的网站。

Sustainable Packaging
www.sustainablepackaging.org
此网站主要介绍可持续环保包装。

Packaging | UQAM
http://packaginguqam.blogspot.com
一个比较有趣的网站，提供了很多可持续使用的包装制作方式。

第三章　印刷和物流

选择印刷方式要非常慎重，因为这不仅影响总成本，也会对环境和制作周期造成影响。而运送方式也是因产品而异的，所以最好要在之前做好研究，选择适合自己产品的服务。

印刷

根据包装设计，有很多印刷方式可供选择。你可以以印刷方式来决定设计，或者是以设计来决定印刷。而设计手工包装的话，显而易见地，有手工印记的设计会更加受欢迎，比起一般的商业产品，人们更希望看到凸版印刷或网格印刷这种手工印刷技术。

数码印刷

数码印刷与平版印刷很相似，只是缺少了制版的过程。取而代之的是，所有的从设计到成品，所有的图像和文字是以数码为载体的。因此，制作过程中的修改会比较简单，制作周期也较短。如果使用的是无污染的像是大豆油墨这种环保产品，制作的过程也会变得更为环保。这也是一种性价比比较高的选择。如果能在图像质量上持续得到改进的话，数码印刷将会成为手工包装最常用的印刷方法了。

平版印刷

这是当下最流行的包装印刷方式，因为它能提供完美的印刷效果。印压方式可以是单张印刷或是卷纸印刷。平版印刷是基于水油相斥原理的手工工艺。运用光化学手段将图像文字转化到防水的油基印版上，图案区域附着油墨，其他区域附着着水。先将图像印到橡皮布上，然后再从橡皮布印到纸上。这个过程叫作"转印"，因为图像并非直接印到纸张上的。

新技术已经可以用电脑软件直接制作印版了，不需要再借助菲林平版印刷了，也不需要提前制作印版了。这不仅能节省时间和金钱，也更环保。

柔版印刷

柔版印刷是运用柔性高分子印版（凸

图1

图1　凸版印刷有多种样式和大小。Delphine印刷设计公司里的这台Heidelberg凸字印刷机就是一款早期的大型凸版印刷机的代表，现在仍在使用中。（摄影：Vallentyne摄影公司）

图 2 凸版印刷是一个比较昂贵的印刷技术，因为其工艺比较耗时，而且需要大量的专业技术和知识。

图2

版印刷的改良版本），它适用于很多印刷材料和形状，从塑料袋、牛奶罐到弹性薄膜，但是它最常用于食品包装上的无缝隙材料。高分子印刷上凸起的图像部分能很好的吸附油墨。通过印刷机的滚筒向印版施加压力，将印版上的油墨转移到承印物上。水基油墨可以用在柔板印刷中，也是一种更环保的选择。

凸版印刷

凸版印刷是一种最古老的印刷方式，并且在 21 世纪又掀起了一股风潮。它可以给包装带来特别的触感。与之前提到的印刷方式比较，它的成本稍高了些。在金属（或者是现在更常用的感光聚合物）印版上制作凸起的图像和文字，印版上了油墨并印压后，直接印刷到纸张或其他材料上。凸版印刷最显著的特点之一就是印版和印刷底板直接接触。根据个人的喜好，可以创造出手指可触摸到的印刷质感。因为每种颜色都需要一个印版，并且单独压印，所以当只需要印刷一两个颜色的时候，选择凸版印刷的性价比最高，通常用于印刷少量的贺卡、邀请函、信纸和一些限量产品。然而，一些高端或者奢华的产品包

装也常选择凸版印制。

凹版印刷

由于印版的制作，凹版印刷是最昂贵的印刷方式之一，因此要大批量印刷制作周期短的或者比较高端的印刷品，像是艺术书籍和时尚杂志，通常才会选择凹版印刷。跟柔板印刷与凸字印刷不同，凹版印刷是将携带油墨的蚀刻印版通过压力将油墨转印到承印物上。承印物既可以是版制的，也可以是滚轮承印的。

网版印刷

用最简单方法来描述网版印刷的话，不妨想象一下蜡纸。使用涂满感光材料的精细印网，油墨浸过印网，按压后，油墨通过印网的细格将图像部分转印到承印物上。这种方式在布料、纸张、塑料、木材和金属上印刷都很适合。虽然成本比较高，但是印刷图案的细节不如其他几种印刷方式。除此以外，每个颜色都需要独自的印网。如果你自己操作的话，在排列图像上可能会浪费很多时间，而且这对初学者来说是有一定难度的。

物流

物流方式有多种选择。Packaging-Price.com 上有很多关于包装的建议，着重讨论了运输当中可能出现的问题。如果为大公司或者是国际客户设计包装，他们更看中到位的物流配送，所以最好直接跟客户沟通。

小型的或是刚启动的项目适合选择主流的物流供应商，像是美国邮政（USPS）、联邦快递（FedEx）、UPS 和 DHL 等，它们都在各自的网站上对服务和价格进行了介绍。另外，在网站上输入包裹的尺寸和重量，便可以得到这些主流物流供应商的价格，并进行比较。也不妨尝试 www.iship.com 和 www.InterShipper.com 这两个物流网站。

物流供应商的业务代表也会直接与客户接触，了解客户需求，为客户提出解决方案。在与业务代表进行沟通的时候，也可以在价格上进行商讨，争取得到折扣。

当要运输物品时，特别要注意以下三点。

1. 外包装、盒子

2. 内包装，如塑料泡沫、气泡纸等

3. 封箱方法

外包装

有以下几种基本的外包装方式可以选择。

- 瓦楞纸板箱
- 瓦楞信封
- 软垫信封（材质包括软垫、气泡、特卫强 Tyvek、软塑料）
- 硬纸板信封
- 邮寄纸筒
- 木质包装箱
- 塑料盒

瓦楞纸盒是最常用的一种外包装，因为它不仅具有很好的保护作用，而且价格便宜，重量也很轻，并且容易折叠堆放。在 PackagingPrice.com 网站上对外包装进行了比较深入的探讨，讨论以产品为出发点，哪种外包装更适合。

除了外部包装，大多数产品都需要一些内部填充物来保护。当你不能提供货品在运送前已被完整包装好的证据时，大多数物流供应商都不会针对货品在运输途中遭受到的损害进行赔偿。保证你货物安全的最好的方法就是，根据货物的重量，包装完成后禁得起从一定的高度往下坠落。这是根据国际安全货运协会（ISTA——International Safe Transit Association）的 3A–2004 测试标准来制定的。这个测试是用来衡量产品包装能否在 USPS、Fedex 这种小邮包运输环境中有效地保护物品的。

图1

图 1 火柴作为危险物品，运送的时候需要特殊包装。（设计：Little & Company）

对于重量不足 70 磅（32 千克）的货物，平均的坠落高度在 18 英尺（5.5 米），最高的坠落高度是 36 英尺（11 米）。

对于重量在 70~150 磅（32~68 千克）的货物，平均的坠落高度是 12 英尺（3.5 米），最高的理想坠落高度是 24 英尺（7 米）。

内部包装

与外包装一样，内部包装也有多种选择，例如：

- 气泡纸
- 舒美布
- 塑料泡沫块
- 工程泡沫塑料
- 充气包装
- 压皱纸
- 瓦楞填充物

当然，也要根据产品来决定所需要的内部包装材料。同时也要注意，一些设计师和公司可能会比较注重环保性，这时候选择环保材料就会更胜一筹了。

封箱方式

密封方式也如内外包装一样重要。如果你的包装密封方式并不合适，物品在途中散落并遭受到损害，你之前所做的所有努力都会功亏一篑。所以要遵循包装和产品本身的特性，来帮助你选择最适合的封箱方式。

胶带是最常用的封箱材料，但是并不适合所有的包装。压敏胶带（是一种比较常见的封箱带，是一种有着塑料底板的单面胶带）是最常见的胶带。"压力敏感"是指胶带在使用时需要对其施加一定的压力。

水活化胶带也常用于封箱。这种黏性胶带在使用前必须沾水。这类胶带是由玻璃纤维纱制成的，这使得它们相比压力敏感胶带更有附着力，因此，用量也会比较少。

这些胶带在封箱时绝对不能使用：遮盖胶带、布基胶带和透明胶带。

图 2　当运送这些可再生酒瓶包装的蜡烛时，需要提前考虑到玻璃的易碎性、重量以及让蜡烛保持一定的低温，这样才能使得蜡不会变软或熔化。（设计：Stitch Design Co）

第四章 可持续性

直到 21 世纪，环境保护的意识才被唤醒，继而成为一种主流趋势，并且被纳入到包装设计的考虑因素中。

三个 R 单词

从 20 世纪 60 年代开始，随着环境保护意识的增强，三个以 R 开头的单词已经在文化中打下了深深的烙印。从 80 年代到 90 年代，许多国家都更加关注浪费问题，并且着手于环保和再利用项目，但是却很少想到从第一个 R——减少（Reduce），开始做起。

到了 21 世纪，大型商业品牌开始采取行动，借鉴更多与环保有关的包装，并且尝试在其他领域努力，像是栽种树木，以此来弥补生产所造成的碳排放。可持续性包装的最重要的目的之一就是把那些已经长期存在的经典包装模式转换成真正的环保包装设计，用再生能源或再生材料制作，并且在完成包装使命之后，还可以被继续使用，这给很多公司和设计师们提出了挑战。因此，这样的环保包装永远不会被掩埋丢弃，而是会变成一个新的轮回。

根据环保包装联盟（Sustainable Pack-aging Coalition，一个致力于倡导环保包装的组织），环保包装有着如下定义。

· 在产品使用期内对个人或者组织来说都是有益、安全、健康的。
· 效果和成本都能迎合市场需要。
· 从原材料、加工、运输和回收上利用可再生能源。
· 最大限度地使用可再生资源或可再生原材料。
· 制造加工时使用清洁生产技术和最佳工艺。
· 使用在任何状态下都不会造成污染的材料。
· 在工业或生物的循环周期内能有效降解或使用。

材料

纸、纸板、玻璃、木材、塑料、铝合金和铁罐都可以被回收再利用。新型材料，像是纸浆模塑，完全是由再生纸制作而成

图1

图 1 Heydays，个人宣传作品
Heydays 设计公司（详情可见 P70）运用现有的棕色纸盒和一卷贴纸，打造了低成本文具。这种非常环保的用品不会对环境造成很大负担。

图2

图 2　设计师 Elea Lutz 的包装设计
Elea Luts（更多介绍请看本书 P122）为 Nostalgia 品牌的洗浴系列产品设计的包装，采用使用后可 100％ 降解的再生纸。

的，特别环保（更多信息请参考第二章）。环保资源纸张有：无氯纸、无树手工纸（所用材质是棉花，非常适用于凸字印刷）和再生纸。生物塑料和植物性可降解的纸箱和包袋也是很好的选择，特别是在包装食品的时候。

印刷

电子印刷比起其他印刷方式来说更为环保，例如平版印刷（更多细节请参考第三章）。如果你必须要选择其他的印刷手段，不妨考虑使用大豆油墨或植物油基底的油墨和无毒墨粉。要注意的是，一些特殊的印刷过程如 UV 镀膜或烫金中不适用再生材料，需要的是不可回收的纸板。所以事先一定要确认好所涉及的印刷工艺。

再利用

考虑你的包装是否能很便捷地被顾客再次使用，抑或是留作他用。不要过度包装或者使用过多的包装元素。包装上的每个设计元素都要有一定的"功能"。

资料库

信息

包装策略

www.packstrat.com

提供关于当今包装技术的深度讨论、分析和预测。制作简讯，也举办环保包装的论坛。

环保包装联盟 The Sustainable Packaging Coalition

www.sustainablepackaging.org

环保包装联盟（SPC）是致力于宣传环保包装的组织。通过成员支持，信息整合和产业链合作，努力打造出一个经济繁荣和环保资源相结合的包装系统。环保包装联盟是非商业组织 GreenBlue 所运作的项目之一，该组织结合商业、科技、资源为一体，目的是制造出更多的可再生产品。

包装元素
案例研究

第五章 标签

如果你像我一样，就可能不管一瓶酒的味道到底如何，只是因为酒瓶上的美丽标签而购买它。这一章主要介绍很多诱人的酒瓶，还有其他一些引人注意的包装标签，像是错综复杂的椒盐脆饼的包装、近似艺术品的枫糖浆包装和一些设计极为精美的茶包。

案例分析

Pearlfisher 设计公司

Pearlfisher 公司是一个产量很高且运作比较成功的设计公司，他们的客户遍布英、美两国。从绝对伏特加到吉百利牛奶巧克力，他们为客户创造出了很多获奖的包装。

英国著名厨师杰米·奥利佛的 Jme 系列产品也是 Pearlfisher 设计的外包装，从纺织品到户外娱乐用品，涵盖了各类家居用品。这个系列反映了奥利佛厨师自身对待饮食、娱乐、生活的放松心态，进而也包含了很多手工制作的元素，为产品本身增添了清新活力。包装在尽可能的情况下都使用了可回收材料。

Jme 生活用品包括食品和家居用品，包装设计赋予品牌以丰富、具有启发性的内涵，彰显个人风格，并且不与一种单调的审美原则绑定。每一款独特的设计灵感都来自于世界各地的工艺的启发。食物产品的包装体现了产品的起源和内在的质感。

手绘字体和数字看起来仿佛是手工印刷的一般，这带给食物一种随性、家庭制作的感觉。若想要商业印刷出这种感觉，就需要大规模的产品生产。

图1

图 1~3 客户：Jme
手绘字体和数字（电子复制）。

图2

图3

设计师艾比·布鲁斯特

设计师艾比·布鲁斯特（Abby Brewster）现居住在美国纽约布鲁克林区，以下两个是她学生时代的设计。布鲁斯特说："在我大多数的设计里，包装形式要遵从其功能性。我坚信设计应该基于产品的实用性和功能性。了解消费者与产品之间的互动，是创作出有意义设计的关键。这里展示的两个设计都充分展示了这一理念。"

Bridge Street 是一个家族经营的干酪店，位于美国新泽西的旧蓝波特维尔区。布鲁斯特设计了一系列具有双重用途的手工黏性标签。这不仅是作为干酪的包装纸，并且为商家创造了一个与顾客分享乳酪知识的桥梁。在外包装上，干酪制造商写下每款干酪的特征，并且建议与之搭配的酒水。

布鲁斯特解释道："包装系统是大规模销售的设计概念中的一部分。在设计时，我更注意那些能影响包装设计的干酪产品元素。例如，我想营造出一种氛围，让消费者在购买后，仍能被吸引并聚集到一起。我把标签看成是制造商家与顾客进行深度沟通的一个契机。Bridge Street 销售理念的核心是产品品种繁多，同时这也为标签设计带来了

一定的挑战。因为标签要具有一定的灵活变动性，以便能适应各种大小形状的产品。这点仅靠少量的研究是不能解决的。在我买了不计其数的干酪之后，我设计出了一整套不同大小的标签，不仅能包装大块的高德干酪，也能包裹一小片加德干酪。"

而图 2~3 的设计作品是布鲁斯特为了一个连锁自酿酒吧设计的。Triumph 自酿啤酒在普林斯顿、新泽西、新霍普、费城和宾夕法尼亚都有分店。每家酒吧只出售自己酿的啤酒，所以每家出售的桶装啤酒都与其他家的不一样。布鲁斯特说："如果只抱着尝试某一种常规的啤酒的心态，不妨做好被惊艳的准备。"

布鲁斯特设计的这一套标签使得每家自酿酒吧都可以出售其他分店的啤酒。她解释道："瓶子是统一大批量生产的，然后再发送到每个酒吧。同时，标签可以区分每家酒吧当下自酿的啤酒，并用手工粘贴到瓶身上。通过运输，每个酒吧还能分享到来自其他家的自酿啤酒。当然，手工粘贴标签也带来了一些挑战，这一过程往往要花费很多时间去尝试。"

图1

图 1　客户：Bridge Street 干酪店
手写的手工粘贴标签。

图 2~3　客户：Triumph 自酿啤酒公司
手工粘贴标签。

Insite 设计公司

Insite 是一家小型的设计公司，位于加拿大奥兰多省的伯灵顿市。Insite 的设计师们着眼于品牌建立与推广，结合多媒体、有质感，提供具有互动性的、有战略性的解决方案。

设计总监巴里·安贝（Barry Imber）说："我们大量的工作都涉及运用艺术及绘画，并且融合设计。因为，这是不仅出于我们的喜爱，也源于我们的经验。我们了解到，高端的客户注重设计和视觉上的手工质感，也更容易因为好的包装而产生共鸣，所以他们在选择产品的时候比较慎重。然而大多时候，包装为的是增添产品趣味性。"

"Five Rows 运营手工加工生产的佳酿，也是一种辛苦的生产方式。"安贝说。当被问到如何协助酿酒商建立品牌、设计有延续性的包装时，安贝认为手工制造也能不遗余力地创造很多可能性。"我们立足于创造品牌形象，而包装能有助于建立这种认知。用富有田园风格的装饰，让人觉得仿佛置身于轻松的家庭氛围中，并且逐渐地向顾客灌输一种具有田园风味的品牌形象。最初的品牌设计只有一个简单的特征，就是结合水彩画、钢笔画、抽象画在工作室里进行手绘。我们将这些元素融合一起，特别选择简单又不失格调的字体，增添一种庄园的设计感。"

制作上的成本也要纳入考虑范围之内，因为制作和加工的时间紧迫，这些都需要一一考量并权衡利弊。因此，Insite 设计公司采用机械制作与手写相结合的方式，确保标签的一致性及连续性，也不会丢失手工制作的质感。并且，当酿酒商要推出另一款葡萄酒时，也无须再为设计标签而大费周章了。

另一个特别值得考虑的是，手工制作标签时应该如何避免呈现出粗糙的工匠气，这些会影响酒本身的严肃性、质感与品质。标签的工艺必须与酒的档次相一致，因此，工艺必须要确保包装的完美与一致性，保证最终包装能与顾客的信任与期待相契合。

最终成果就是对瓶内商品的展示，同样也是对酿酒过程的体现，让顾客了解蕴含在每瓶酒之中的辛苦、热情与奉献。每一瓶上都有酿酒师的签名，标签也都是手工用隐藏贴纸粘于瓶身的。瓶口也是用黑蜡手工密封的，以此来保护瓶塞，瓶塞外还以印着酿酒师的心得笔记封条进行包裹。酿酒师亲手为每瓶酒编号，为每个标签增添了独特性及特别的手工触感。

图1

图 1~2　客户：Five Rows 酿酒厂
手写标签，手工加工。

图2

安贝讲述了他们在为 Five Rows 出品的冰酒设计外包装时的构思："此款冰酒的市场定位是一款偶尔才会品尝的、少见的、令人垂涎欲滴的饮品。作为这款冰酒的拥趸，我们认为这款酒的定位应该更高，产量也要更少。因为可以肯定是，这样的定位不会导致质量下降或价格提升。制作冰酒需要难以想象的高强度的劳力，因此，需要制定比较高的售价。"

他接着说道："我们决定将折叠的、无黏性的标签用皮筋捆绑包覆在酒瓶外，这样可以营造一种细致的手工效果。酒瓶采用火石玻璃制成，让包装看起来像是可回收的牛奶罐似的。标签上一定要有此瓶酒的酿酒厂名称。最初发行时，只制作了少量的数码打印标签，并且是手工裁剪、手工捆绑的。大部分图案都是手绘的，这也保持了 Five Rows 品牌一贯的风格。火石玻璃瓶上也有着酿酒师韦斯·洛雷（Wes Lowrey）的签名。"

图3

图 3~4　客户：Five Rows 酿酒厂
手绘图案、手写标签、手工加工。

图4

设计师阿诺瑞尔·吉尔伯特和泰勒·哈玛克

阿诺瑞尔·吉尔伯特（Aoria Gilbert）和泰勒·哈玛克（Taylor Ahlmark）在大学毕业后的动荡时期搬到了波特兰，并在此创办了Maak肥皂实验室。"在波特兰生活了一年后，我们在一个比较大的项目——'肥皂的工艺'中找到了波特兰的独特精神所在。结合泰勒所受过的手工设计培训及相关专业经验，一种结合早期手工的工艺在我们的肥皂实验室诞生了。通过不计其数的尝试，发放了足够的试用产品，我们也建立了自己品牌和生产线，并且开始在当地出售我们的肥皂。我们不断地研发新的系列产品，并开始与当地的公司进行代加工合作。这样，我们的产品不再局限于本土市场。"

Maak的产品包装设计灵感来自蜉蝣。吉尔伯特解释说："蜉蝣启发了我们的品牌设计——享受那些平凡的、普通的汇聚在一起的单纯乐趣。这反应在我们的品牌标签上，在可撕的标签上，保质期是由手工盖印上的。"

图1

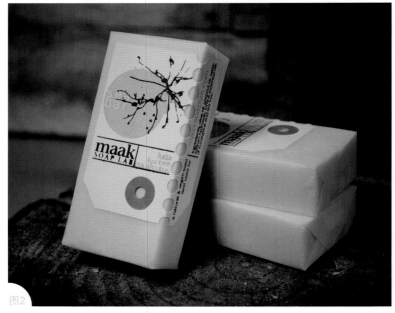

图2

图 1~4 个人项目
网版印刷，手工盖印，手工组装。

每块肥皂都是手工包装的，并且贴上网版印刷的标签，这些与肥皂一样都是自己制作的。"这给予了包装质感和深度，在手里的触感也会变得有趣，消费者们可以感受到产品所要传递的一种情绪。我们的精油是包装在琥珀药剂瓶中的。以蜂蜡封口，这也可以让瓶子散发出微妙的蜂蜜香味。并且因为这样，标签也被固定在瓶子上，且能防漏，可谓一举两得。对于我们来说，最大的挑战就是搜寻原材料和特制工具，例如我们的双面网格打印机。"吉尔伯特说。

Boot 工作室

BOOT 是由佩特拉·詹森（Petra Janssen）和埃德温·沃尔伯格（Edwin Vollebergh）两个设计师所组建的工作室，现位于荷兰。下面所展示的包装设计，是由 BOOT 工作室与圣十字基金会的普里西拉修女（Sister Pricilla）以及荷兰基金会家庭计划联手为 No House 酒设计的。该产品的收益用于为南非的艾滋病遗孤提供居住场所。除此之外，收益还用于给孤儿们提供食物、教育以及各种发展的机会。"设计这款公益产品的最大的挑战在于我们不想提及可怜的孤儿或者病人，我们不希望顾客被这些伤感情绪所影响。我们想把包装设计得更吸引人，并且具有独特性。"沃尔伯格说。

No House 酒的包装设计以极低的制作成本为基础，并且沿用了该品牌已有的包装材料，例如银色泡沫信封、卡纸包装材料、网袋。"我们浏览了几家制造商的产品目录，挑选我们所需要的材料。"沃尔伯格解释道，"这一品牌的大部分设计都涉及手工制作，这也暗示了这款酒的制作过程，是简单、直接并且有个性的。好酒适合采用简洁有力的包装。"标签都是手工粘贴上去的，这就使得每瓶酒都有些许不同。BOOT 工作室采用丝网印刷技术将玻璃搪瓷油墨直接印到瓶身上。所用字体手绘图案和构造出一个亮眼、有个性的并且性价比高的设计方案。定制印刷的胶带也是性价比高的包装元素，并且是一个具有功能性的选择，能为丝网印刷的瓶子增添一些信息含量。

图1

图 1~2　客户：No House 酒
手绘图案和字体，手工组装。

图2

Atipus 设计工作室

Atipus 是一个于 1998 年在巴萨罗纳成立的设计工作室。他们设计的有机手工产品 1270 A Vuit Wine 酒，客户是西班牙一个家族型酿酒商——赛勒·伊达尔格·艾尔伯特（Celler Hidalgo Albert）。客户希望标签能反映出酒的特点以及倾注了全部家族心血的手工制作过程。

为了制作出明确这款酒特点的标签，Atipus 设计了一个无须用电脑的手工制作标签的方案。为了反映此款酒是手工酿造的特性，标签的设计以手工盖印为基础，并且演变为家庭成员亲自为每个标签盖章。标签是工业印刷的，但是它的设计过程完全依靠手绘的方式，名称字符打印在硬纸板上，字体和数字镂空裁剪。由于材料有限，并且要强调手工制作的特点，标签只包含了两个颜色。

图1

图 1　客户：Celler Hidalgo Albert
手工裁剪的字体和数字。

每年 11 月份，与传统的屠宰猪的加泰罗尼亚庆典一致，Vi No-vell 酒就会被包装上市。这款果味酒在它发酵完成之前就会被分装，因为在瓶内不会发酵成熟，所以要在较短的时间内饮用。

Atipus 针对这款产品的设计借鉴了传统木质活字印刷海报的样子。"我们的目的是设计出可以被看作是一张派对海报般的酒标签。因此，我们设计出这种让人们以为是木质活字印刷的图案，以貌似瑕疵的印刷效果和醒目的字体为特征。" 合伙人爱德华杜克（Eduard Duch）说道，"我们从典型的派对海报中得到灵感，早期用大片木材制作而成的海报，因此制作起来非常迅速，看起来效果也不错。"

图2

图 2 客户：Celler el Masroig
手绘图案和字体。

Mash 设计公司

　　Mash 设计公司是一个澳大利亚的品牌推广公司,自 2000 年起,由多姆·罗伯茨和詹姆斯·布朗一手建立,创作了一些很有记忆点的、赏心悦目的设计。

　　Mash 设计的一系列作品,在媒体上被大肆报道。他们为酒品牌设计的标签和酒瓶更加出彩。这里挑选了他们的小部分作品,并且作品都有着手工制作的印记。

　　贾斯汀·莱恩（Justin Lane）作为酒品推广人找到 Mash 设计公司,他有着多年宣传推广酒品的经验,希望找人合作创造出一个独特的品牌。合作的关键就在于如何把多年的经验、老式学院派的方法、自创的方式和其他个人经验融合于一个酒的品牌中。"我们在贾斯汀的铁皮屋里确定了品牌名称和世界上第一款字母葡萄酒,现在叫作 The AB & D（Alpha Box & Dice,详见图 1）葡萄酒沙龙。Mash 为这个品牌设计出一种手绘之感。每款葡萄酒都是独一无二的,像胶片一般,26 个字母有着 26 个与每款酒相关的背后故事。"

　　在另一个设计上,Mash 公司需要为 Evo 的系列产品设计出一整套的包装,推销给潜在的和现有的顾客。Mash 的解决方案是利用各种复古的旧手提箱。手提箱外使用网版印刷,箱内用粉色绸缎填充,包裹起箱内的 Evo 产品（详见图 2）。

图1

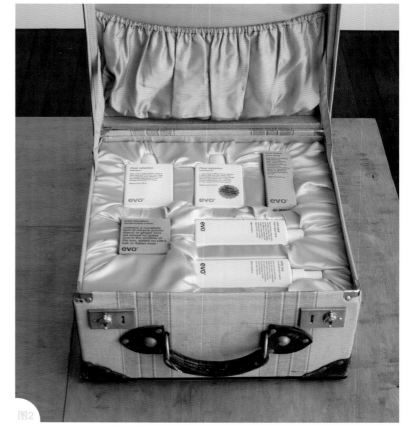

图2

图 1 客户:Alpha Box&Dice
手工绘制的字体和设计。

图 2 客户:Evo
网版印刷和废物利用。

葡萄酒品牌 Mollydooker 的莎拉和斯巴克·马奎斯找到 Mash 设计公司，希望 Mash 能为他们的酒创作出一个新的品牌。鉴于客户比较看中细节和手动操作的方式，Mash 决定设计一款不依靠电脑字体的产品包装，包装上所用到的字体都是用手绘而成的。

这个灵感来自于古董书和早期的广告海报。与约翰·英雷哈德（Jonh Englehardt）一起合作，Mash 根据酒的名字设计了自己的插画。随着此款酒的不断延伸，Mollydooker 的品牌知名度也一飞冲天。

图 3　客户：Mollydooker
手绘字体。

林奈（Linnaea）精品酒庄的两位创办人都有医学人类学和植物生物化学的背景，所以他们用双名法将自己的酒命名"林奈"（Linnaean Binomial System of Nomenclature）。Linnaea Rhizotomi 酒（详见图 1）是他们推出的第一款酒。

传统草药师作为医学和化学的先驱，对植物根茎有着广泛深入地了解，并且深知它们的药用功效，并通过对植物图像的研究，制作出具有手工制作美感的大量拼贴画。Mash 对草药师进行了具有现代感、略微复杂的优美阐释，从而衍生出一款独特又超现实的包装。

Mash 的另一款酒品项目 Magpie Estate 是一款很高档的产品（详见图 2），客户希望将这款酒与其他产品区分开来。此时，品牌标志只是变成了一个附属元素，瓶身的设计和印刷方式都与 Magpie Estate 的其他酒品不同。瓶身选择进口的法国生产的优美瓶子，鸟的图案和文字细节都是用网版印刷直接印制在瓶身上的。抛弃了纸质标签，即使连背后的标签也使用了网版印刷技术。

图1

图 1 客户：酿酒商 Linnaea Winery
手工质感。

图2

Redheads 的顶尖产品特级葡萄酒名叫"鲜红的回归"（Return of Living Red，详见图3）。这款不记年的葡萄酒是不标注酒龄的，因为所用的两种葡萄酒品种分别来自不同的年份。为了突出这一特点，Mash 提出了一个概念，制作了以失踪档案或者是被通缉的犯罪档案的小册子，以此暗示着葡萄园周围的活死人（源自于欧洲的古老传说）。这个概念的实现运用了一些令人不安的插画和引人入胜的照片，印刷在粗糙的、非涂料纸上。在用鲜红的蜡封口的酒瓶上，上用麻绳栓设计的陈旧犯罪档案的册子，这样就达成了 Mash 最满意的作品之一。"我们为此专门聘请了一位员工为每瓶酒系上小册子。不仅如此，同时也用红蜡密封瓶口。卡片和外壳都是单张印刷的，并且也是用手工组装的。"布朗这样介绍这款设计。

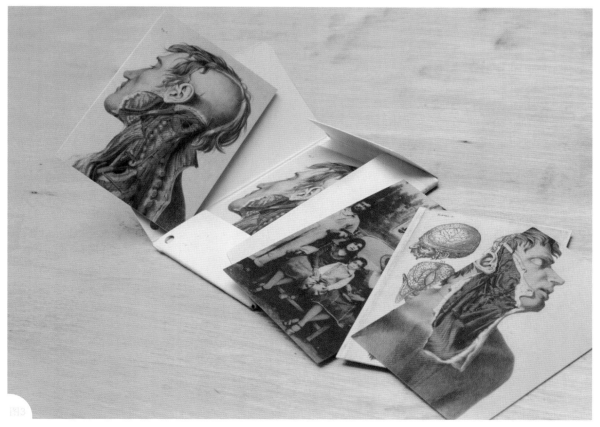

图3

图2 客户：Magpie Estate
手绘插图、网版印刷。

图3 客户：Redheads Wine Studio
手绘插图、手工组装。

Smith & Milton 设计公司

Smith & Milton 创立于1980年，位于英国伦敦的巴特西区。经过30年的发展成长，它现在已经是英国处于领导地位的品牌设计公司之一了。这些品牌专家们已经跟国内外很多成功的公司合作过。他们的团队为塑造品牌提出问题、确定定位、制定目标，这些努力都是为了让品牌的明天比今天更有价值。

Percy & Reed 是一个生产多种造型、护发产品的品牌，由著名的发型师亚当·里德（Adam Reed）和保罗·帕西瓦尔创建和经营的。Smith & Milton 的任务是为该品牌塑造一个能反映英伦特色、生活方式和个性的品牌系列包装。Smith & Milton 的设计师凯罗琳·菲利普斯（Caroline Phillips）为每一款独立命名的产品设计了专属的时尚手绘图（详见图1）。图片中的女性是从一个英国时尚偶像身上得到的灵感，具有典型的古灵精怪的英国风格，同时也拥有光彩照人的秀发。

"在一个已经包含了很多颜色并且很繁杂的产品环境下，我们为 Percy & Reed 的洗发水、护发素和其他必备的护发产品寻找到了一种更有质感的定位。"名牌经理罗斯·米尔顿（Rosie Milton）说道。"我们保持简单的设计：黑色字体、浅奶白背景的铅笔插图（直接从设计师凯罗琳的素描本上复制到包装上），并让插图上的 Percy & Reed 女孩做代言。像所有产品的代言人一般，她们都搭配了既有趣味又有说服力的文字，以此来暗示产品的功效。例如，光滑平顺的免洗洗发水上写的是'很匆忙？不要让自己陷入恐慌！'，蓬松、有弹性的护发素产品搭配的是'我的发量看起来多吗？'"

使用的经典的、线条更明确的字体让原本很女性的图案弱化了一些，手绘的感觉完全呈现在包装上。单色的运用更散发出一种复古设计感，Percy & Reed 品牌的主题受到维多利亚式风格影响。

图1

图 1~3　客户：Percy&Reed
手绘图案。

图2

图3

设计师希德·阮

希德·阮（Heather Nguyen）是一个自由平面设计师，现定居在加拿大温哥华。"在我的设计中，我认为简单就是一种艺术，并且这种理念是达成设计的坚实基础。我对字体和品牌的设计比较感兴趣。当我能结合这两种设计，创造出一个值得被记住的、受到喜爱的品牌时，是我最大的幸福。"

Mikuni Wild Harvest 是一个结合手工工艺，展示创新的美式饮食的品牌。他们找到阮，希望他能为该品牌的 Noble Handcrafted 系列产品进行包装设计。从品牌名称到字体，每个设计元素都受到美国禁酒令时期的启发。被选择的每个元素都是为了达到与品牌理念相契合的效果——独家手工制造。

设计师阮对禁酒时期进行了细致的研究。"在这一时期，酒都是秘密的，而在那个时期是采用古老考究的木质或金属凸字来进行印刷的。这也给予了我一定的启发，就是这个品牌需要给人一种历史感，而凸字印刷可以体现出年代感。"她这样解释。

为了给字体增加质感和层次，她在纸张上滚动油墨，制作了一系列图像档案。为了让品牌更有历史感，他们将一款特熟的黑色混合油墨印制到一个不加涂层、纤维状的、灰白色的原材料上。字体的灵感来自于凸字印刷和禁酒令时期使用的起伏的、有线条感的字体。每一款标签的设计迎合了产品自身内涵和瓶身大小的需要，并且仍然保留了 Noble Handcrafted 这一系列产品的精髓。

这一系列由 5 款被使用在受到药剂瓶风格影响的瓶子包装中。软木塞削弱了手工制作的感觉，瓶口以奶油色的蜡进行手工密封。客户对蜡进行了多次的挑选尝试，最终选择了感觉最适合的蜡来用来封口。

图 1~3　客户：Mikuni Wild Harvest
手工质感、凸版印刷、手工标签、手工蜡封。

Miller 创意公司

位于美国新泽西的 Miller 创意公司是一个全方位的品牌、包装设计公司,他们在食品、健康、美容产品等方面着丰富的经验。

"我们设计包装的方式就是从提问开始:'你要把产品卖给谁?你们的竞争对手是谁?产品有何不同,或者有何优点?'"公司负责人雅艾尔·米勒(Yael Miller)说。"一旦我们能回答这些问题时,我们就会了解品牌的特质(或者从头创造一个),并且让其在各个层面上影响整个产品体验,特别是在包装上。我们执行越彻底,效果就越好。当与品牌 The Painted Pretzel 合作时,我们想把品牌与原本的典型的夫妻店的氛围剥离开来,同时转向美食家模式的精品店,让品牌瞬间变得经典又时尚。我们融入传统和对称的设计方式,并结合凸版印刷、明亮的颜色来达到这一效果。"

"凸版印刷确实能让包装变得令人无法抗拒。这种真实的、有触感的印刷方式是再合适不过的了。当你使用凸版印刷时,它能最有效率地让平面上的所有元素聚集在一起,最大化地展现你想要的感觉。我们本可以在标签上增添更多内容,但是我们决定制作一些侧封带来代替塑料胶带。这更为完整的包装带来了美妙的手工元素。"

图1

图2

图 1~4 客户:Painted Pretzel LLC
手绘图案、凸版印刷、手工封口。

图3

图4

米勒讲述公司在这个设计项目上曾遇到的种种困难：产品的包装盒由两个供应商提供：一个提供塑料罐，一个制作罐子的盖子。在不同高度的罐子中，我们为包装设计了与包装两部分直径相一致的标签。这样塑料供应商也可以帮我们降低一些成本。

"在印刷上，套印的时间很紧，并且设置分隔每块印版都很复杂。凸版印刷工作室 Studio on Fire 可以高质量地印制出凸版印刷产品。我们也需要印刷出品牌的图案，包含了两个字母 P 的单色图案，所以要保持半色色阶的准确也非常具有挑战性。只有我们拿到最后的印刷成品时，我们才能知道到颜色到底是深是浅。"

标签设计成品展示

设计公司：Aesthetic Apparatus
客户：Andrews and Dunham Damn Fine Tea 茶品

每款标签都是在 Aesthetic Apparatus 工作室里进行手工网版印刷的。所选的油墨比一般平版印刷的油墨要更厚，这使得标签的颜色更加饱满。为了保证产品的新鲜程度，每款茶包和标签的产量都有限。

设计公司：Gregson Studio
客户：Monastery Sopocani 果汁

这一系列的果汁都是有机的、纯天然的。因此，标签也是选择手写类型的，以此来契合产品精神。

设计公司：Tandem Design（摄影师：特伦斯·马洪 Terence Mahone）
客户：Tandem Ciders 酒

这款系列标签的设计依靠于强烈的单色系以及每款产品上简洁、机智的描述文案。"Dan's Damn Special Blend"产品标签既有趣又随性。这款定制的标签设计给予了产品很多发展的空间。手写区域里手写了酒的品味、种类、特性及酒精含量，不仅变得很随性，还有很好的视觉效果。

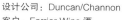

设计师：德弗·托马斯 Dever Thomas
客户：Pepito's Pickles 食品

经典的字体和牛皮纸能带给标签传统凸版印刷海报的感觉，并且成本较低。客户可以自己在家打印标签，并手工贴到产品上。

设计公司：Duncan/Channon
客户：Farrier Wine 酒

设计师珍妮弗·莫伊（Jennifer Moe）阐述了这款设计背后的灵感启发。"这一设计讲述了一个名叫布莱克·史密斯商店 19 世纪繁荣发展的故事。这是当地一个技艺娴熟的蹄铁匠做生意的地方，并且是当地人的社交聚集地。凸显手工酿酒的质量，包装看起来仿佛是早期的旧报纸，并且书写语言采用一种讨喜的、复古而有趣的通俗口吻，使人回想到工业时代以前的手工艺传统。我们削弱字体，并且采用了某一艺术作品上的明显的半色调的网点底纹，让标签看起来有着 1895 年凸版印刷的样子。"

设计公司：Lorena Mondragón Rodríguez（摄影：Luis Jasso）
客户：个人项目（酱瓶）

从流浪者常用的符号中得到启发，当家人和朋友在舒适的家庭环境里烹饪和就餐时，一个简单的烧烤酱瓶子，一个纸盒或一个纸袋就可以演变成一个为无家可归的人们发声的社会声明。罗德里格斯自己手绘了设计中所用的字体。这一设计中所有的元素，从插图到字体，都是手绘而成的。图案和文字都是她用马克笔手绘好后，再扫描到电脑里，用 Photoshop 软件对它们进行修改的。标签是数码打印后，她亲手粘贴的。

设计师：大卫·阿里亚斯（David Arias）

客户：Belmondo Skin Care 护肤品

阿里亚斯解释了他在这款标签设计时的背后的巧思。"我希望设计能有一种人文主义的风貌和感觉，于是我决定制作一款手工描绘的样式用于展示产品主要部分。这个概念是受到黑板书写效果的启发，以此展示产品的名称和描述。鉴于我自身的经验，当需要营造一种经典低调的质感时，黑白两色总是能够提营造出很好的视觉对比。我使用铅笔手绘勾勒出字体设计，不久后它们都被矢量化，并且一个接着一个地排列在标签上。这个过程虽然比较乏味，但是也使得每个产品都更具独特性。通过估算每个标签上字母之间的距离，单词上的些微差别又能使得设计更具真实感，而我自己也深深地被这个概念所吸引。"

设计师：弗兰克·埃罗依（Frank Aloi）

客户：Divine Dariy 食品

"设计涉及动手的工序，印刷和印章设计以及字体的使用都是为了达到略有瑕疵感的手工效果。"设计师 Aloi 这样解释。

设计公司：Gen Design Studio

客户：Confeitaria Lopes 食品

因为该客户是一个小型的家族自营企业，所以 Gen Design Studio 的设计师们为他们挑选了最有效的包装解决方案，那就是使用成品玻璃瓶和罐头盒，选择的部件要简单且性价比高，但是在形状上也要有突出特点。然后设计师们从一个著名的葡萄牙肥皂品牌包装的装饰及图案中得到启发，设计了一系列可手工粘贴的品牌标签。标签上有留白，可以手写上最佳食用时间，并且标签都是需要手工粘贴的。传统的肥皂包装是一个很有趣的灵感源泉。"肥皂在早年不仅是香水并且是有质感的手工制品，包装纸上的图案都很不可思议，有着强烈的视觉效果，而这就是真正给予我们灵感的地方。"设计总监莱安德罗·维罗索（Leandro Veloso）说道，"这些包装纸有着多种颜色、花纹和古早美感，与此同时，用仔细小心地用手工包装起来，也能让人联想到以前的传统，并且可以一直保持良好的质感。"

设计公司： Freshthrills
客户： Self-promotion 啤酒

这是一个节日特别包装，每瓶巧克力淡啤酒都是被手工贴上标签的，标签吊牌是由 The Cracky Pressroom 印刷工作室印刷制作的。每瓶酒被包装在木质盒子里，并以橡胶印章印制上品牌名称 Motorman。设计师将个性吊牌进行了数码印刷，并且用木头质感的纸作为垫衬。一套设计独特的杯垫也被包装进木盒里，用手工裁剪、手工折叠的腹带打包在一起。

设计师： 麦斯·雅各布·鲍尔森（Mads Jakob Poulson）
客户： 酿酒商 Ribe Bryghus Brewery 啤酒

设计师从早期的标志画和手工雕刻的字母中获得这款啤酒包装设计的灵感。他希望设计的标签能有工艺感和手工制作的感觉，就像这个啤酒品牌一样。受到以前电脑里的 old signage 字体启发，鲍尔森设计了一款字体。他先将 old signage 字体打印出来，再亲手用蘸水钢笔重绘了这款字体，增加了包装手工制作的质感。最终他用电脑对字体进行了最后的修改，这个字体也成为了该品牌包装设计和标志的基础。

设计公司： Depot WPF
客户： 个人项目

这个系列设计聚焦在环境中每日都能出现的物品上，并把他们制作成黑白的图案，这反映了这些日常用品的逼真度以及产品本身。为了达到能让产品在布满同类日常用品的货架上脱颖而出，插画图案是先用铅笔手绘而成，完成后再对手绘图进行扫描。

第六章 吊牌

这一章着重介绍了那些不止是展示价格、而且承载了更高目标的吊牌。这些吊牌也是包装设计的一个组成部分，在很多案例中，吊牌提升成为一个由手工制作的独特标志。这些不是那种被顾客随意撕下的吊牌，而是精美得值得保留的。

案例分析

陈氏设计公司（Chen Design Associate）

近 20 年内，陈氏设计公司（简称 CDA）已经制作了很多高质量的设计作品。"我们的作品都是由非常具有野心的设计理念作为引导，以每位客户的特殊要求作为基础的。"负责人乔什·陈（Josh Chen）说，"我们一直站在设计的前沿，即使我们的设计在尺寸和范围上不断增长，我们依然保持着灵活性和个性。因为我们是专家，但并不夜郎自大，我们在设计中与客户合作，互相尊重，激发创造力。"

陈氏与大厨威廉姆·沃纳（William Werner）合作，为其公司 Tell Tale Preserver 进行了品牌和包装的设计。该品牌以传统烘焙食物为主，并与当地的配料和季节风味结合，为食物增添了一些现代感。

"我们不是以手工包装为起点的，但是因为经济不景气，经费有限，又要推出新产品，而这些不可避免的挑战也正是我们所需要的。"陈这样说。

设计的灵感来自于古董包装物件。"我们不希望与我们的设计仅限于古董包装的感觉，我们希望能融合主厨自身的个性、轮廓、手法以及出其不意的有些摇滚做派的处事风格。"陈解释道，"烘焙商品都试图呈现出女性的、粉红的并且是可爱的感觉，因此我们就想极力避免这样的处理方式。主厨沃纳找到染色前的标签，都是凸版印刷的。日期是由特制的橡胶印章印上去的，陈氏每月都会制作一枚日期印章。字体的使用也很出其不意。图案也有些古怪和出人意料，而所使用的材料也有意想不到的细节，像是烫金和吊牌顶端的铜环，以粗麻袋作为产品外包装。我觉得这些能反映他的整体风格——就是将一些难以想象的食材混合在一起。"

图1

图 1~2　客户：Tell Tale Preserve Company
凸版印刷、手工盖印、手工加工。

SOMETHING'S HIDING IN HERE 工作室

SOMETHING'S HIDING IN HERE 工作室的斯蒂芬·路易多特（Stephen Loidolt）和肖娜·艾戴里欧（Shuana Aletrio）的所有设计都是他们手工制作的。"我们一直迷恋于用微小的信物来表达感情。大多数我们的作品都是从我们为对方或者是其他朋友做的小礼物开始的。我们两个都是在'形式服从功能'这一概念下接受专业指导的，这个设计理念也是我们设计美感的核心部分。"肖娜说。肖娜和斯蒂芬亲手设计包装和吊牌，他们通常会雇人来帮他们进行凸版印刷的印制。

"当我们第一次决定做蝴蝶结时，我们特别兴奋。因为我们终于找到了一个可以买很多复古样式的梅森牌（Mason）纸盒的理由。我俩一直都很痴迷于此。一切就位后，我们使用已有的一款复古的凸字字体对标志和印刷物进行印制。我们在盒子上采用丝网印刷。"肖娜解释道。

"我们依赖于熟悉的技术和手边的工具，凸版和丝网印刷都是我们的首选。我们追求简单的、物美价廉的材料，牛皮标签纸板（Kraft tag Board）是我们设计时的又一最爱。"

图1

图2

图1~2　客户：个人项目
凸版印刷、手工加工。

图3~5　客户：个人项目
丝网印刷、手工加工。

设计师莱昂纳多·迪·伦索 Leonardo Di Renzo

莱昂纳多·迪·伦索（Leonardo Di Renzo）是一位意大利平面设计师。在成为设计师之前，他所学的专业是农业，但是对艺术和设计的爱驱使他进入位于罗马的欧洲设计学院（Istituto Europeo Di Design）学习平面设计。从那时起，他开始在一家包装公司从事界面设计，最终他成为了一名与各种工作室和广告公司合作的平面设计师。在为上百位客户设计了标签和包装之后，迪·伦索觉得他应该为自己设计些什么。因此，TYPUGLIA（普里亚 Puglia——意大利的一个地方，也是一种字体）脱胎于他的两大热爱：印刷和他的故乡。

迪·伦索的第一个产品是个环保的可回收的套装，其中包括了一个手工制作、上色的陶瓷瓶，里面装满了来自意大利南部的特级初榨橄榄油，一个手工印刷的吊牌，一个可以重复利用的盒子（还可以当作灯罩，详见图4），原始木质活字以及从榨取橄榄油的树上摘取的一小包橄榄叶。

迪·伦索说："这个吊牌完全是由手工制作的，并且是用滚筒手动印刷的。这个标签的灵感来自于20世纪50年代电影里出现的复古包装。"

图1

图1~4　客户：个人项目
手工印刷、手工加工。

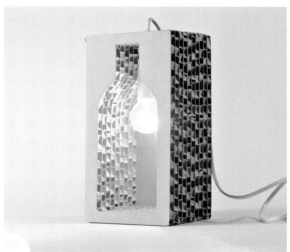

Perky Bros 设计工作室

　　Perky Bros 是一个位于美国田纳西州纳什维尔的平面设计工作室，由杰佛森·波奇（Jefferson Perky）经营。工作室的专长是标示、印刷、网页和包装设计，并且竭力诚信经营。

　　图 1~3 上的衬衫吊牌是为制服供应商 Red Kap 设计的，目标是为一个简洁的产品设计一个明确的吊牌，并且要在实用性与限量版礼品之间找到平衡点。卡片由手工制作完成，而限量版礼品也分送给 Red Kap 的前 300 个经销商。

　　波奇为自己的吉他琴弦设计了一整套包装，详见 P61。这里包括了一个如何使用的操作指南。材料和手写字体的运用给予外包装一种奇妙的肌理感。包装、口袋和光盘都是网版印刷的。

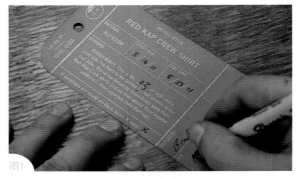

图1

图2

图3

图 1~3　客户：制服供应商 Red Cap
手写字体。

而对另一个客户 Hazel and Delt，工作室设计了一款像名片似的吊牌。"专营多种用途和手工制作的商品，这家精品店需要一张能体现他们原则的卡片和吊牌。设计的解决方案就是一款只需较低预算的名片，可同样被当作吊牌使用。运用硬纸板作为材料，并在上面进行凸字印刷。把名片与吊牌结合的设计方式，限制了颜色的使用，所以在设计中只运用一个颜色，这样也易于让我们制作出更好的质感。每张卡片只需手写上型号后就可以变成吊牌。"波奇这样介绍。

图4

图5

图 4　个人项目
网版印刷。

图 5　客户：Hazel and Delt
凸字印刷。

YuJo! Creatividad Aplicada 设计工作室

YuJo! Creatividad Aplicada 成立于 2009 年，位于墨西哥，主要专注于广告。YuJo! 很快意识到他们的客户还处于建立品牌形象的最初阶段，于是他们转换了重心，把注意力放在品牌的命名和包装上。

"当我们第一次向客户 Creencias Organic Tequila 做演示时，立刻感到我们的设计抓住了品牌的核心价值。但从外观上看，它却打动不了任何人。"合伙人乔尔·古铁雷斯（Joel Gutièrrez）说，"这是一款全有机的产品，采用法国酒瓶制造商 Saverglass 制作的玻璃酒瓶，这款酒瓶降解只需要三年的时间，而我们所需要做的是为这款产品设计标签。我们希望能保留住产品天然的特性，所以我们选择不使用任何黏合剂。在经过一些考量后，我们决定使用吊牌，而且据我们所知，没有其他的龙舌兰酒使用类似的设计。标签使用光泽纸板印刷而成，下面还配有一个黄麻标签，是用黑色油墨进行网版印刷而成的。然后我们又想到了用天然的龙舌兰纤维缠绕在酒瓶颈部，并以此作为吊牌的连接。这种绳子只有墨西哥优卡坦上的几户人家可以手工编制出来。我们热衷于这种简洁的设计，不同于大多数包装设计，它能让你完整地看到整个产品。我们同样乐于看到酒被饮用完之后，瓶子还有被人们再利用的可能性，只要解开绳子和标签，这个酒瓶就完全可以留作他用。"

标签的外形和感觉是受到传统庄园生活方式的启发。在设计师正式开始设计之前，前去 Santa Cruz del Valle 庄园进行了参观，那里矗立着一匹特洛伊木马。传统上，庄园一般都会储藏谷物，并且日复一日有工人前来打点，并拿到应该有的报酬。于是设计师就想要分享这种产品的感觉，那就是既由工人们制造又是为工人们所生产的产品。

"对客户来说，最难以抉择的是要运用手工工艺来为大批量生产的龙舌兰酒包装。虽然 Creencias 公司并不是大品牌，但他们仍保有四万瓶的产量，而这些都需要手工绑上吊牌，出厂速度又慢，且成本高昂。可也正因为这样，每一瓶酒才变得与众不同。"古铁雷斯说。

图1

图 1~4　客户：Creencias Organic Tequila
网版印刷、手工捆绑细绳和吊牌。

Peg and Awl 工作室

2010 年 1 月，马尔戈（Margaux）和沃尔特·肯特（Walter Kent）从伊拉克服役归来，在费城创办了 Peg and Awl 工作室。在此之前，马尔戈一直致力于设计书籍和珠宝。而沃尔特在去伊拉克服役前，一直与他父亲一起制作家具。两个人希望做番事业，但对于做什么却没有清晰的概念。终于，他们开始制作家具用品，像是烛台、罐子、手袋，从一些"旧物件、一些被忽视的仍有价值和可以被利用的东西，不寻常的文物，有迷惑性的、令人毛骨悚然的、拼接的奇异饰品到有可塑性的纪念品以及有用的宝物……Peg and Awl 从最初就涉猎如此广泛，而且我也希望这种风格

不会改变。"马尔戈解释说。

她继续说道："作为包装，任何细节都不能放过。沃尔特有着很多可怕的经历，不只是因为战争，还包括在军队中痛苦的同化过程，任何事都有代码、称谓、口令、规定、顺序，通常只是为了秩序。我曾不经意地看到过一个皱巴巴的军队行李标签，或者是其他东西，我觉得这对我们来说可以是一个很合适的出发点。毕竟，我们所做的东西不一定都是以礼物为目的，它也可以有自己的过去，有着与它的外表完全大相径庭的背景故事。我们认为故事是需要由我们来讲述的。起先我们制作了超大号的吊牌，就像部

队里的那些吊牌，是由我们自己印刷的。它们看起来很笨重，并且有些令人讨厌，也有些浪费材料，于是我们把它们做得更小、再小。"

马尔戈继续阐述："我们在一个工艺品展上遇到另一对夫妇组合。他们有自己的图版印刷工作室。我不确定从什么时候开始我们有了这个想法的，但是我确定我们希望与他们合作。经过一些培训，我们学习如何用电脑设计标志、处理设计。此后，我们所设计的吊牌变得更小了。加上使用凸版印刷，他们简直堪称完美！我们开始为不同的产品设计吊牌，每款都保留了可填写产品细节的空间。"这些合成的

图1

图 1~3　个人项目
凸版印刷、剪纸工艺、手写。

手工印刷吊牌、（用旧书里裁剪下来的纸作为材质的）标签以及手工加工的包装，都有一种淳朴、简单的感觉，同时也强调了制作这些手工制品所蕴含的特质。

　　"我们的包装也含有很多细节，"马尔戈说，"所以我们试图去简化它们，不要让吊牌包含太多细节，这对我们来说也是一种挑战。而另一个困难就是与那些要求把条形码加到吊牌设计里的公司一起合作，我们必须要设计一些包装去迎合他们。有时候我们只是把自己的产品用牛皮纸包装好，印上我们的名称。"

图2

图3

吊牌设计成品展示

设计师：克里斯汀·麦基（Kristen Magee）
项目：个人项目

设计师克里斯汀·麦基（Kristen Magee）为罐子设计的吊牌带有一种斑驳的、复古的感觉。她最初用铅笔在纸上粗略地手绘了几款不同大小的广口瓶，然后扫描了这些手绘稿，用 Adobe Ilustrator 把手稿电子化。

设计公司：Josh Gordon Creative
项目：个人项目

一款简单的吊牌可以有很大作用。这些为手工卡片制作的捆绑吊牌是由一些没人要的邮寄吊牌改造而成的，并且上面手工加盖了特别定制的印章。

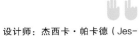

设计师：杰西卡·帕卡德（Jessica Packard）
项目：个人项目

亚麻布纹纸和（圆形吊牌上可见的）手缝线带给这些薄荷养殖套装一种温暖、亲和的感觉。

设计师：弗朗丝·威兹尼斯基（France Wisniewski）

客户： Bananafishstudio

这款结合简洁设计、环保用纸和手工凸版印刷的感觉在一起的标签，是设计师弗朗丝·威兹尼斯基为复古风格的纸质产品和文具设计包装的标志之一。

设计公司：Stitch Design Co.

客户： Low Country Local First

这款设计是由一个凸版印刷机印刷而成的，并且只印刷了三种颜色，打孔后由定制的布包扣固定在粗麻布袋上。空的麻布袋搭配上吊牌后可以折叠起来，并当作请柬一样邮寄出去。收件人收到后，可以轻易地移除吊牌和扣子，把麻布袋留下作他用。

设计师：艾瑞克·卡斯（来自 Funnel 设计公司）（Eric Kass at Funnel ）

客户： 阿比盖尔·梅菲尔德（Abigail Mayfield）

"阿比盖尔·梅菲尔德是一个对打破常规的粗糙、原始美感有满腔热忱的艺术家。她对古董和传家宝有着很深的家族情结，这也体现在她的作品上。"卡斯（Kass）解释道，"我设计了一款比较质朴的设计——在硬纸板上进行凸版印刷，既可以被当作名片，又可以用作吊牌（从老式颜料管上得到的启发，那上面总留有标记颜料细节的空间）。吊牌上还人工添加了金属环，这样阿比盖尔就可以添加与她作品有关的识别信息。这些标签附在画作背后，并且缠绕在外面包装的黄色牛皮纸袋上，一起邮寄给购画者。"

第七章　包装盒

　　直到 20 世纪初 Kellogg 公司使用包装盒来包装自己的谷物食品后，包装盒才开始被注意到。这一章展示了各种包装，有网版印刷的、装饰上手工贴纸和绚丽图案的、凸版印刷的以及一些手工组装的纸盒，其精美程度远远地超过一个包装盒的概念。

案例分析

Ilovedust 设计工作室

　　Ilovedust 在每个设计上都使用了大量的工艺技术，从钢笔画到水墨画再到网版印刷，运用 Photoshop 和 Illustrator 软件及手写板进行创作。他们在品牌设计的每一阶段都会做打样，这样设计师和客户可以及时看到已完成的设计效果，并且了解设计的走向和过程。这里展示的设计作品都是设计师们花费时间后努力抓住品牌的精髓的产物。

　　"Allotinabox 是一个迷你花园套装，鼓励人们种植自己的水果蔬菜。品牌标志混合使用了 Slab Serif 和 Serif 字体，这一设计灵感来自设计师们的调查研究，了解到人们如何种植自己的小块园地以及种植时所用到的工具。我们运用凸字印刷，以此为产品带来一种手工印刷的感觉，营造出动手感，暗示种植时要付出的辛勤劳动。这一品牌总是要迎合季节的主题，需要包装种类各异的物品。"

图1

图 1~2　客户：Allotinabox
手工组装。

图2

Heydays 工作室

Heydays 是一个五人工作室，承接多方位的设计工作，位于挪威的奥斯陆。5 位创始人于 2008 年大学刚毕业时成立的这个工作室，五人都是同班同学。他们为各行各业的公司机构创作既具概念性又有功能性的设计。

他们为自己的工作室也设计了包装，用于与客户接洽沟通时使用。"我们所需要的是一种具有很强功能性的文具和包装用品，让我们在工作室中每天都能用得到，在给顾客做演示和寄送样品时也能用上。设计理念从仓库包装中得到部分启发，也从功能性上得到一定的灵感。从我们工作室的名称和安迪·沃霍尔（Andy Warhol）的银色梦工厂（Silver Factory）中得到灵感，决定使用铬合金作为材料 。"设计师拉尔斯（Lars Kejlsnes）说。最具有挑战性和难度的就是自己为自己设计。拉尔斯说："这个设计本身就是个挑战，通常比为客户设计还要困难。遵照我们自己的原则和规范，对我们的设计起到了很多帮助。"

为了执行包装设计，设计师们制定了一些基本原则：不要添加彩色，所有色调的变化都要经由所用材料的测试。Monospace 被指定为能使用的唯一字体。

当基本原则确定了以后，设计流程就变得顺畅了。设计团队在设计文具套装时运用了一系列的工具和工艺，包括网版印刷、压花、定制贴纸、定制胶带和胶版印刷。把工作室的基本信息的印制在胶带上，使得任何物件都可以变为他们自己的品牌包装。胶带可以让盒子和其他物品立刻贴上品牌标签。没有图案的纸盒，一旦贴上了品牌胶带，看起来很新颖，也非常实用。

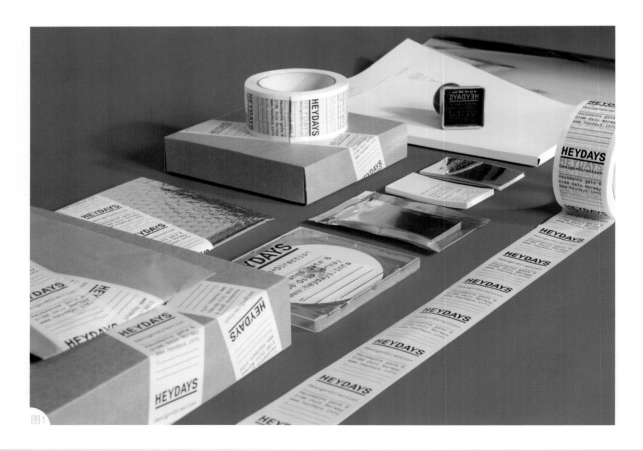

图1

图 1~4　个人设计
网版印刷、压花、定制贴纸、定制胶带、手工加工。

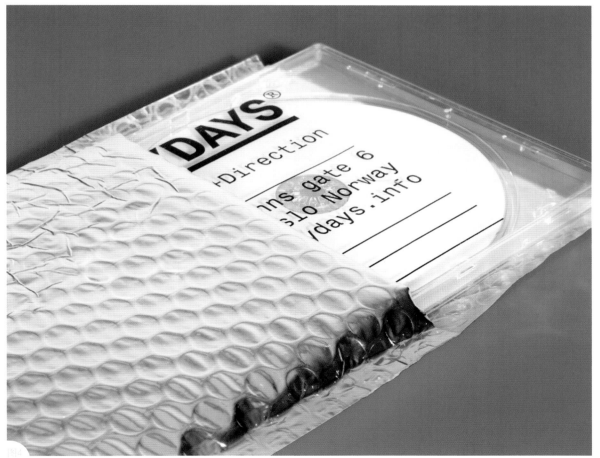

设计师劳伦·罗杰斯（Lauren Rogers）

劳伦·罗杰斯 2009 年毕业于澳大利亚布里斯班的昆士兰艺术学院（Queensland College of Arts），专业是沟通设计，主要专攻数码设计。作为一个平面设计师，她既在公司任职过，也做过自由职业者。这里展示的是她为一个学术项目所设计的包装概念。"Savian Soap Co. 是一个天然香皂品牌，需要重建其品牌形象，提高品牌在当前市场的地位。"罗杰斯说，"使用清新的颜色色调，现代的字体、简洁的设计，并慎重选择包装材料，以此重塑品牌形象，使得品牌变更具时代感。"

在对知名的肥皂品牌进行了一番研究之后，首先明确了目标顾客。样式和图案的设计也要利于营造女性、有机的品牌质感。选择清爽、明亮的颜色来表达每个产品的天然属性，同时也能传达出整个品牌的感觉。彩色的内置盒子让亮色与包装巧妙地结合在一起，同时也是对外包装的颜色的补充。从外侧只能看到一抹彩色，直到打开盒子，盒子的全部色彩才展现在眼前。采用内置盒子和滑动外壳包装的意义在于，顾客可以很容易地打开盒子，看到肥皂，同时又不会破坏到包装。

每个盒子都是手工裁剪折叠的。设计盒子的工艺从盒子啤线的设计开始，罗杰斯分别设计了内置盒子和外侧包装的啤线。再从印刷测试，盒子的打样测试，检测盒子的大小与形状，直到与外侧的包装完美结合。确定正确的内盒原料需要通过很多次的测试，因为要确保有足够的分量能支撑盒子自身的形状，并且也能保持外侧包装的形状。选择的纸张原料要厚实、有肌理纹路，并且不那么光滑，这样能体现出品牌的有机质感。纸张原料也要能渗透肥皂的香气，并且能很好地吸收油墨。

带有肥皂信息的吊牌是用有机棉绳捆绑在盒子上的，为包装提供了另一抹亮色。

图1

图2

图 1~5 学术项目设计
手工纸盒。
译者注：啤线，包装印刷中的术语。

图3

图4

图5

Wallnut 工作室

　　Wallnut 成立于 2007 年，是一个致力于平面设计、编织及品牌设计的工作室，哥伦比亚平面设计师克里斯蒂娜·隆多尼奥（Cristina Londoño）是该工作室的创始人。Wallnut 工作室设计作品极富现代感，工作室把对色彩的热情、细节的执著、研发的渴望都运用在理念设计、外包装设计、时尚、印刷品以及室内设计之中，工作室也正是因为这样的设计风格，具有了一定的知名度。

　　高端点心品牌 Mary Pastry Shop 找到 Wallnut 为自己的点心设计包装。从法式的复古行李箱中得到启发，Wallnut 制作出一款随性又有趣的设计，由贴纸、印章、卡片组成一套。每次打包一份糕点时，都把这些包装元素混搭在一起，让每一份送货上门的产品到顾客手里时都看起来非常新鲜，并且能维持品牌视觉识别上的一致性。

　　包装的设计了涵盖各种尺寸，从小型饼干到中型的甜点，再到大型的蛋糕，都可以一一包装起来。隆多尼奥认为这个项目最具挑战是要设计出一个非常具有灵活性的方案。"Maypat 当时还是一个比较小的公司，没有足够的预算，无法承受包装材料的大批量库存，并且他们在尝试在菜单上增加更多不同种类的产品，而每款产品都在尺寸和包装要求上各有不同。所以包装的解决方案需要非常实用，并且在任何情况下都非常易于改造。设计的过程中涉及很多模板、打样，也发现了很多错误。但最重要的是，在这个过程中，最主要的设计理念得以成形，设计的长处也逐渐彰显出来。找寻速度快成本低的印刷方法，让客户在包装时也有发挥设计的空间，是我们能提供的最好的设计方案。"

　　"在寻找最灵活的设计方案时，"隆多尼奥继续说，"我们想到把平版印刷与激光印刷结合在一起，用于印刷纸质物品和卡片。这个方法只能针对单一颜色的包装盒表面的印刷，因此我们运用市场上能买的成品包装盒。为了更加完善设计方案，我们制作了一套激光打印的贴纸，大小也方便裁剪，只要有些设计感，就能把每款产品包装得与众不同。"

图1

图2

图 1~4　客户：Marypat Pastry Shop
手工包装。

Aesthetic Apparatus 工作室

Aesthetic Apparatus 是一个版画和平面设计工作室，位于美国明尼苏达州的明尼阿波利斯市。建立这个工作室的最初想法形成于1998年，那时丹·伊巴拉（Dan Ibarra）和迈克·博泽斯基（Michael Byzewski）都在做设计师工作。结合两人彼此在版画制作和音乐上的兴趣，他们开始为音乐会设计限量的手工印刷海报，这为他们的设计打下了基础，并为他们在国内外赢得声誉，同时也让他们说服了自己，原本"觉得只是平时消遣的兴趣，是真的可以当作全职的设计工作室来发展的。"伊巴拉说道。作为一个全方位的设计工作室，尽管他们热爱海报设计，但也能接手各类设计项目。Aesthetic Apparatus 为很多品牌客户设计制作，像是 Blue Q、Stella Artois、HarperCollins、the American Cancer Society 和 Criterion Collection，同样地，他们也为乐队设计，如 Cake、Frank Black、The Hold Steady、The New Prunographers、Spoon、Dinosaur Jr、Grizzly Bear 等。他们的设计作品已经被好多本设计书籍、杂志收录，例如 *Print*、*Step Into Design*、*Swindle*、*Communication Arts*、*Creative Review*、*HOW*、*Rolling Stone*、*Jane Magazine* 以及 *Readymade Magazine*。

图1

图 1～2　客户：Two Bettys Green Cleaning Service
凸版印刷，手工组装。

图2

Two Bettys 是一个位于明尼阿波里斯市的绿色家居清洁公司，相比那些比较严肃传统的绿色公司，Two Bettys 显得没那么平凡。他们对包装的诉求就是突出名字"Two Bettys"和绿色清洁这两点。最终的品牌风格组成的主要元素和设计语言主要包含了讽刺 20 世纪中期那些不环保的美国化工业产品的视觉包装元素，以及对"清洁"和"绿色"概念的本土化的表达。这些包装盒也有着名片的展示作用，也是品牌与潜在客户之间的沟通渠道。

伊巴拉（Ibarra）和博泽斯基（Byzewski）认为，设计这款包装最困难的方面是设计包装盒需要经过一系列尝试，通过各种变形和实验，最终确定盒子的裁剪线。这种无须胶水的设计是效仿清洁剂的盒子。这些盒子（包括名片）都是由 Aesthetic Apparatus 亲自制作的，三种颜色为一套的凸版印刷包装盒都是由一个本地的裁剪师剪裁的，并按客户的要求组装在一起。

Zoo 工作室

　　Zoo 工作室是一个西班牙平面及多媒体设计公司。巧克力艺术家鲁本·阿尔瓦雷斯（Rubén Álvarez）与 Zoo 工作室密切地合作了不少项目，这里主要展示了他们合作的两款设计。

　　Zoo 工作室设计为一款名为 Code Egg（编码鸡蛋）的限量版巧克力设计了包装（详见图 1）。包装内含一颗仿照真鸡蛋的颜色、质感及保质期来制作的一款巧克力鸡蛋。这款产品是由黑巧克力制作而成的，外层包裹了一层可食用的白色可可脂。包装标签是黏性贴纸，设计的像是典型的收银条一样。激光切割纸板箱和贴纸标签的结合让产品看起来很日常化，并且每个贴纸标签上都有设计师的亲笔签名，带给包装一种简单的手工质感。

　　另一款设计产品是酸奶，市面上已经有种类繁多的同类型商品了，看起来已经没有什么创新的空间了。鲁本·阿尔瓦雷斯想设计一款新式样的酸奶（详见图 2、图 3），来挑战传统工业所带来的局限性。这一设计的灵感来自于超市里常见的玻璃容器。这样可以看到底部的半果酱的分层，有覆盆子酱、菠萝酱、黄桃酱和樱桃酱，上面覆盖着白巧克力和酸奶慕斯，最后以面包屑封层。

图1

图 1~3　客户：Rubén Álvarez
手写、手工整理。

设计师觉得这款包装需要体现很高的质量，所用的材料也是一般市场上不常见的包装材料，就像"呼吸清新空气"一般。"产品包装上用硬纸板与蜡封的结合使用，显示了包装的极简主义及精巧工艺，也非常适合产品作为大众消费品的属性。"设计师桑德拉·费南德斯（Sandra Fernández）阐述道。

酸奶被包装在用硬纸板做成的圆柱形包装盒内，包装盒内衬金属纸（这两种材料都是防水的）。以白蜡封口是为了保持内部酸奶的新鲜。酸奶顶部埋藏了一根绳子，食用前，只需拉一下绳子就可以打开包装的蜡封口。绳子的颜色暗示着内在酸奶的口味，并用贴纸将绳子固定在外盒的一侧。在瓶口的金属封条上，只列出原料、保质期和制作者签名。这一系列产品包括了四个包装，每款都以绳子的颜色和标签上的字母来区分。

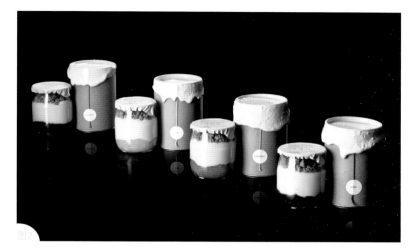

Little & Company 设计公司

Little & Company 设计公司自 1979 年成立于美国地明尼苏达州明尼亚波里。"为了让设计达到商业目标，必须要考虑到使用人的感受，这不仅关乎美感。设计变得至关重要，是因为它涉及实用性，也会影响受众群。它不仅能解决包装上的问题，还能突破工艺上的局限。我们的目标是要做有趣、有创意的设计，当人们想到我们公司时，嘴角会扬起不经意的笑容，并且能散播点爱心。"设计总监爱恩·戴维斯（Ian Davies）阐述说。

他继续说："每年，我们摒弃给朋友、家人及客户邮寄暴风雪般的纸质节日贺卡。这一营销手段让我们最初意识到它已经变成一种有意义的传统，承载着发自内心的真诚祝愿。因此从多种角度出发，我们都希望把具有美感的手工工艺与这一行为相结合。因为这些收件人对我们来说都是很特别的，我们希望这样的设计片能反映出我们的热情、工艺以及我们对设计的热爱。手工制作的与数码制作的相比，更有人情味和真实感，更容易让人们

感到珍惜。有一点特别要提一下，那就是我们公司的所有人都参与了这个项目，集体的智慧是不可估量的。"

设计师们从一位贵族收集的早期的火柴盒中得到启发，设计了 12 张一套的以"燃烧爱"为主题的火柴盒。"我们希望这个火柴盒能作为一个系列，并在视觉上互相补充，但同时又能保持一定的差异感。我们希望这款设计无论是图案还是所传递的信息都有一种怀旧

图1

图 1~4　个人宣传
手绘插图、手工组装、手工修整。

感，而不是过于花哨和做作。"戴维斯说。

Little & Company 整个公司集体头脑风暴，想出了火柴盒这个创意点。随后，几位设计师提交了各自的插图设计，给予了火柴盒一种独特的灵活感。每款设计都以一张插图作为主体，来表现热情如火。寄出时，每三个火柴盒为一套，Little & Company 希望能以此作为启发，三个代表了分享、比较以及交换。

火柴作为易燃的危险品，在邮寄的时候需要特别的包装。因此，Little & Company 公司与邮局进行了紧密的沟通后，以盒中盒的包装方式，解决了邮寄中可能存在的安全隐患。"当我们拿到印刷好的标签和盒子之后，必须把标签一个个手工贴到火柴盒上。在过去的几天里，我们组成了组装小组，并且任何有空的人都来帮忙。手工制作所带来的不完美感和不一致性也是魅力的部分所在。"戴维斯说。

图2

图3

图4

包装盒设计成品展示

设计师：丹尼斯·弗兰克（Denise Franke）
客户：The Wallee 电子产品

"为 The Wallee 的全套 IPad 配件产品设计一款简单又有吸引力的包装，要能体现出产品的娱乐性、功能性以及易于使用的特性。选择一款厚硬纸板来制作不同大小的纸盒，将文字和插图以网版印刷的方式印刷到包装盒上，以减少对塑料材料的使用。"设计师弗兰克解释道。

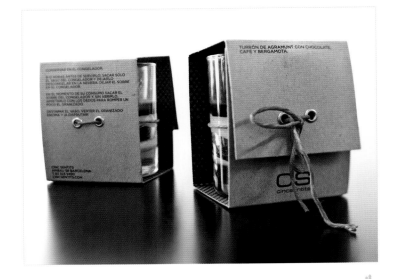

设计公司：Zoo Studio
客户：Cinc Sentits 食品

使用棕色的硬纸板和暗红色的绳子暗示这个产品的基本原料——咖啡和巧克力。这款包装并不是把产品的边边角角都包裹住，因为设计师希望最终消费者可以直接看到成品，并能第一眼就喜欢上它。绳子在合适的地方绑住瓶子。包装盒上的金属穿孔可以让绳子将这个手工组装的包装系紧并确保其稳定性。

设计公司：Ilovedust
客户：Sea Cider 啤酒

Ilovedust 受到位于英国多赛特的啤酒公司 Sea Cider 的委托，为其产品设计包装。Sea Cider 的包装从海洋万物中得到启发，并且以手绘插画为主体。锚和海盗混搭上舷窗、螃蟹和虾设计出一个整体围绕航海主题的优美造型的包装。

设计工作室：Peter Gregson Studio
客户：The Manual Co. 皮具公司

"The Manual Co. 任何东西都是手工制作的，这款包装背后的设计理念就是：保持同一种精神。这款包装上的所有图案文字都是手绘的。" 格瑞申（Gregson）说。

设计工作室：Ilovedust
客户：Amelie and Friends 餐厅

这款加注商标的外卖打包盒是为 Amelie and Friends 餐厅设计的，餐厅只烹饪当地出产的食材。从法式小酒馆字体中得到灵感，营造凸版印刷的感觉。这种简单、清新的品牌设计反映了所选食材的新鲜，餐厅的气质、原创力以及个性。

设计工作室：Owen & Stork
客户：Portland General Store 商店

"这款个人护理套装的设计思路是设计出一款经典的并且能经受时间考验的包装。我希望采用木质材料，因为这种材料不会被轻易丢弃。包装本身不仅起到保护产品安全送达供应商的功能，并且也会成为产品的一部分。所有设计以整个套装为基础，包括独立物件的设计以及标签的设计。所有的制作过程都是在 Owen & Stork 工作室内完成的。除了对材料的基本裁剪之外，设计中还涉及其他工序：（玻璃瓶上标志的）珠光处理、（胡须刷和碗的）木材车削以及彩色图案蒙版。"创意总监尼古拉斯·威尔逊（Nicholas Wilson）说。

设计师：娜迪亚·阿瑞欧·塞林纳斯（Nadia Arioui Salinas）

个人设计项目

塞林纳斯希望这款包装可以被持续使用，并且有着手工制作的质感。通过使用生物可降解的、可重复使用的包装材料以及手绘图案达到了设计师预想的效果。

设计工作室：Popular

客户：Sofi Soaps 肥皂

在这款设计上，设计师们运用了手写字体和手绘图案，进行扫描后再打印出来。"包装上手写文字强调了产品的功效以及产品的原料，而手绘则营造出使用产品时所萦绕的氛围。"设计师布拉迪斯拉瓦·米林科维奇（Bratislav Milenkovic）说。

设计师：阿隆托·德·马罗洛瓦（Atolón de Mororoa）

客户：Librito de Mí 书籍

Librito de Mí 制作了一套个性化的儿童书籍。包装要求低成本，所以设计师们决定设计一款具有手工艺性的、手工制作的包装，不仅能降低制作成本，并且能传递产品的温馨原创的特质。他们找到组装型比萨盒作为包装主体，并用自己设计的贴纸来点缀包装盒。

设计师：卡米莉·德安（Camille Deann）
自我推广设计项目

德安是一个设计师出身的摄影师。她使用定制的印章，找到多种预订的材料，从盒子到包袋，为的是设计出具有个人风格又有浪漫色彩的包装，同时带有复古情怀。"我希望我的包装设计可以作为我自己品牌的一种延伸，让客户与我沟通工作时也能体会到美感。"她这样说道，"无论是宣传册、印刷品或者其他定制的产品，我都希望顾客收到时仿佛收到礼物一般。我的目标是做到精致、迷人和奢华。"

设计工作室：Mind Design
客户：What On Earth 食品

"What On Earth 是有机食品制造商。蛋糕产品的包装试图作为系列产品的第一个。考虑到产品本身，我们希望使用具有很强手绘感的插画。决定运用麻胶版画是因为受到现有标志的影响，标志的效果仿佛使用了这一技术。为了以后的包装设计可以更容易点，我们设计的插画完全在一个空白的背景上，并且没有图像与图像的重叠。这样同样图像可以很容易地用不同的方式排列组合。"设计师霍格尔·雅克布斯（Holger Jacobs）说。

设计公司：Devers Ink & Lead
（摄影师：大卫·雷吉斯特 David Register）
客户：Batch Ice Cream 冰激凌

"Batch 是一个冰激凌生产公司，提供了多种多样的产品，使用了很多叫不出名字的原料。包装设计意在反映出产品新鲜和手工制作的质感，这些特征也是 Batch 这个品牌的立足所在。"设计师韦德·德弗斯（Wade Devers）说，"我们在一家小城社区里的餐馆看到一块写着菜单的黑板，于是得到绘图的灵感，以此来反映品牌和产品的精华。标签上的设计都是由手工绘制的。冰激凌是一种有趣的食物，我们希望确保在我们的设计语言里能传达出这一特点，以细小但是会很有惊喜感的细节作为点缀。每款包装基于产品的口味，都会成为一个微型景观。"

设计公司：Rockit Science Agency
客户：Devil's Weed Cigar 雪茄
"雪茄被包装在手工制作的多米尼克的雪松盒子里，手工设计的品牌标示用凸版印刷的方式印制在盒子上，营造出一种 15 世纪古董盒子的真实感。这款包装的目的是要反映烟草的悠久历史以及神话与旧世界文化的启示。雪松盒子不仅能作为包装，也能作为一个销售卖点。每个盒子内都有特别设计的图案，以烟草的历史为主题，向雪茄的入门者进行介绍。"创意总监乔舒亚·迪克胡夫（Joshua Dickerhoof）阐述说。

设计师：斯图尔特·克拉维克（Stuart Kolavic）（插图设计）
客户：Marks & Spencer
"所有设计都是我用手工绘制的，使用了墨水、笔刷和纸，然后再扫描到电脑里，用 Photoshop 上色。"卡拉维克说道。"我的绘画初稿一般都接近完稿状态。我想这是因为我的设计着重依靠色彩，而不只是线条，并且我觉得要从最开始就给顾客呈现的是完整的设计。"

设计师：切尔西·亨得利克森（Chelsea Hendrickson）
学术设计项目
亨得利克森的这款设计大多是手工制作的，包装设计、制作以及组装，一直到制作润须蜡本身。包装盒是在加利福尼亚的圣地亚哥波音特洛玛基督大学（Point Loma Nazarene University）的设计部门印刷的，印刷使用的是珠光纸。纸盒上胡子形状的镂空是手工裁剪出来的，并附上透明的纸。

设计师：贝特尼·乌尔克（Bethany Wuerch）
个人设计项目
乌尔克希望能为她的伴娘设计一些特别的小物件。为了制作这一伴娘礼盒，她把未完成的雪茄盒重新上色，盒子里面衬上复古手帕，再附赠一张信息卡片。"要做得更完美的话，文字也应该是手写的，但是一个艺术家要了解自己的能力。我的手写程度完全不能达到我理想中的书法，所以我选择粘贴的文字来代替。"

设计师：萨曼莎·施耐德（Samantha Schneider）和大卫·米库什（David Mikush）
（摄影师：惠特尼·奥特 Whitney Ott）
学术设计项目
施耐德和米库什使用二甲苯和 INT 将标志转印到蜂蜜瓶子、糖果罐、广口罐以及食品包装盒上。（二甲苯转印是由在木材或多孔材料上进行黑白复印，再用甲苯记号笔进行摩擦。INT 是将标志转印到玻璃上的材料，它们像是小号的乙烯基转印，乙烯基常用于墙壁和窗户的印刷）除了大木箱以外，他们还手工制作了所有的盒子、标签和蜂蜜蘸取棒。较小的箱子是由椴木、软木和木胶制成的，然后进行上色。蘸取棒是喷漆上色的，搭配盖子和瓶子的颜色，然后再用胶水粘在蜂蜜罐的瓶盖上。

设计公司：Mind Design
（插画师：奥德·范·雷恩 Aude Van Ryn）
客户：Le Pain Quotidien 食品
为这个国际连锁品牌设计的手绘插图，是设计师和插画师密切合作的成果，确保了插画在立体包装上的效果。

第八章　CD 和 DVD 盒

将 CD 和 DVD 盒结合封面的功能性、吊牌的细节性以及产品的期待感融于一体。本章将介绍一些独特的 CD 和 DVD 包装的印刷方法。

案例分析
Elegante Press 工作室

Elegante Press 是成立于立陶宛的一间小型的设计印刷工作室，有着能把物品变得与众不同的天赋。萨乌留斯（Saulius）和维多利佳（Viktorija Dumbliauskien）作为这个工作室的经营者，他们热衷于把手工设计与复古印刷机的使用相结合，有些印刷机都有 100 年的历史了。Elegante Press 工作室的任何作品都是使用 100% 的棉纸和手工混合油墨，在复古印刷机上进行手工制作的。

Kauno Grudai 是一个有着悠久历史的大型面粉制造公司，他们邀请 Elegante Press 为公司的 120 周年庆设计一款复古款式的 CD 包装。工作室采用厚重的 500 克纸来印刷 CD 的封套，用缝纫机缝合，并且用蜡来封口。这个设计成果，按照维多利佳的说法是一个"纯粹的、手工的、看起来复古的包装"。多种复古风格的花式结合在一起，像是蜡封和凸版印刷给予包装一种肌理感、充实感和高贵感。在图 2 中，云的线条暗示了一种流动感，也加强了因印刷而留下的深刻印象。打开 CD 封套后，公司的标志和凸版印刷的文案显现出来，CD 上的涡旋形花纹也是对 CD 封套设计的一种补充。

图1

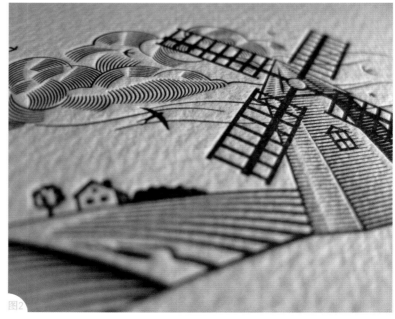

图2

图 1~4　客户：Kauno Grudai
凸版印刷、手工混合油墨、缝纫、手工蜡封。

图3

图4

设计师马特·埃利斯

马特·埃利斯（Matt Ellis）是一位澳大利亚的创作型歌手，从2006年开始居住在美国加利福尼亚的威尼斯。他所创作的音乐类型可以归类为民谣摇滚、美式乡村和另类乡村。他限量发行的第四张专辑 Birth, Death & Marriage，不仅获得了两项国际歌曲创作竞赛奖项，同时也变成了包装设计网站和博客上的热门话题。从开始到完成，在很多朋友的帮助下，马特自己设计了CD的包装。

"这张专辑总能让人感到有些不同。在早期创作的过程中，我就已经想好了标题，并且把它视为这张专辑主题。歌曲的走向也变得更深刻、更个性化。同样，我希望音乐里传达出的这些私密的情感和信息也能透过包装散发出来。与太太和朋友们一起头脑风暴后，我试图结合人生中三个生死攸关的时刻：出生、死亡以及婚姻。设计方案就是设计一款纪念品盒，里面装满了记载整个人生跨度的物品。而这些物品是我们都有可能会接触到的，而这样的设计我之前从未见在音乐作品包装上使用过。"

图1

图2

图1~4　个人作品
手写、手工压花、手工模板印刷。

　　"我的预算非常有限，但一方面我又想尽可能地把我想表达的都打包进包装里。从设计标志开始，我把初稿和手绘图案拿给一位杰出的书法家克珊卓·丫.萨莫拉（Xandra Y. Zamora）过目。克珊卓帮助我完善了我的设计理念，为数码唱片和实体唱片都设计了标志。我一直设想将标志用金色油墨压印在硬壳、麻布面的盒子上。所面临的问题是，如何在小批量生产时保证印刷的效果而又不提高成本。我在网上搜索了很久之后，尝试订购了一些礼物盒用来做实验。盒子看起来很不错，然后我开始寻找将标志印上去的方法。我有个制作标志的 3D 工具，将金色喷雾油漆均匀地涂在上面，将工具放置在盒盖上，并用一个三吨的杠杆印压机进行印压。这个过程有些费力，并且需要耐心，最终我创作出了看着不错的手工压印的包装。我又购买了一些小亚麻袋来包装 CD，这些亚麻袋需要用手工模版来进行印刷。我手写了所有歌词，将它们印在类似于我平时写歌词所用的纸张上。又添加了一些能概括我生活和事业的照片复制品、一些我生活过的国家的硬币、定制的印有我名字的徽章、我最爱的啤酒瓶瓶盖、橡胶树叶以及其他的小物件，然后整个包装就已经准备好了。最后的一项工作就是在每个 CD 包装盒上签名，并为 CD 标注 1 ~ 500 限量编码。"

Hammerpress 工作室

Hammerpress（P95 和 P154 上也有介绍）是一个凸版印刷设计工作室，成立于美国密苏里州的堪萨斯市。他们起先为一个堪萨斯的电影制作工作室 Bearhouse 设计视觉识别系统和宣传材料。Bearhouse 接着请 Hammerpress 为自己的作品集来设计包装。Hammerpresss 设计并利用凸版印刷制作了外包装。"当其他的印刷材料都变得越来越简单化，与市面上成堆的塑料 DVD 盒相比，我们希望我们的设计可以让产品变得更特别，以此让更多的客户或者潜在客户察觉到。"设计总监布兰迪·韦斯特（Brandy Vest）这样介绍道。

这件设计作品完全是依靠 Vandercook 印刷机印刷出来的。所用的材料涉及很多的装饰品和花边材料。"我们从最基本的设计草图开始。印刷时，我们先将细小的铅块拼凑在一起。一旦第一个颜色上色后，我们就为第二个颜色重新排列组合，如此这般，直到包装印刷完成。"成品也因此具有特别手工制作的质感，反映出 Bearhouse 工作室对好电影的奉献，这款设计也让产品从其他的 DVD 包装中脱颖而出。

图1

图2

图3

图 1~3　客户：Bearhouse Film
凸版印刷。

CD 和 DVD 盒设计成品展示

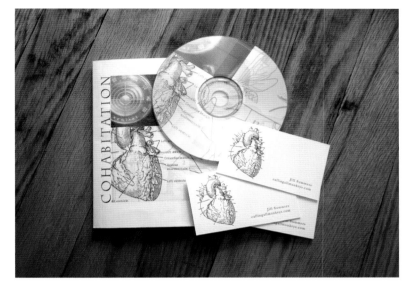

设计师：苏西·柯尔伍德（Susie Kirkwood）
客户：Jill Summers 有声读物

这本有声书是柯克伍德与她姐姐吉尔·萨默斯（Jill Summers）联手设计的，其中运用了几种不同的工艺。卡片是凸版印刷的，小册子是数码印刷的，整个都是由手工组装而成的。插图意在把有声书里的故事一个个视觉化，大多数都是人体器官、解剖工具和医学图解的复古铜版画。有声书里讲述了早期芝加哥上流社会的历史故事，所以这种复古的感觉很恰当。

设计师：瑞秋·怀尔斯（Rachel Wiles）
个人项目

这款包装背后的想法来自于情书。由早期影像拼贴而成的明信片上包含了很多不同的手写歌词。标签模拟邮政系统的标签，并手工粘贴在外盒上，最后以缠绳纽扣作为封口方式。

第九章　包装袋

从手绘咖啡包装袋到凸版印刷的混合饼干袋，在这一章节展示的所有的包装袋在视觉效果上都有着手工制作的质感。涉及的工艺也多种多样，但是最终的产品摸起来都有一种肌理感。

案例分析

Hammerpress 工作室

　　当 Anna Mae Southern Bread Co. 公司的经营者莎娜·马汀（Shana Martin）在网上看到 Hammerpress 工作室（P92 和 P154 上也有介绍）的设计作品，便邀请 Hammerpress 工作室来为自己的产品设计包装，希望产品更容易在同类商品中脱颖而出。她的产品来自于家族祖传食谱，所以工作室希望确保设计能反映出一种真实可信的感觉，并且能显示传承的特性。

　　"包装袋是用我们自己的 Heidelberg windmill 打印机打印出来，这就是一个主要挑战。"创意总监和设计师布兰迪·韦斯特（Brandy Vest）说道，"为了弄清楚如何不浪费印版，使得印刷流畅而不产生传送错误，我们必须确定设计稿要能在印刷的有效区域内得到充分体现，印版之间不会有冲突。这变成一个新的项目，我们做了一些尝试，找出可能出现的错误，当我们解决了这些问题后，印刷就变得顺畅起来。另一个挑战就是要确保能按照这种方法大批量生产，作为一个三色的凸版印刷项目，既要保证效率又要保有利润。最后，制作的每个环节都很精美，莎娜非常满意。"

图1

图1　客户：Anna Mae Southern Bread Co.
凸版印刷。

设计师佛莱蒂·泰勒

佛莱蒂·泰勒（Freddy Taylor）是一个平面设计学生，就读于英国苏格兰的爱丁堡艺术大学。"我非常着迷于任何有关印刷、包装、字体、印花以及影像的东西。我的设计推动视觉传播的概念和界限，将创作激情与实验相结合，从而设计出夺目的、令人愉悦的成果。"泰勒说。

泰勒在一个学术项目里为豆类品牌 GEO Organics 重塑品牌形象，创作了独特的包装理念。这个项目有一条简单的指导要求：到超市里挑选出一个自己并不喜欢的品牌来作为设计对象。"对于这一品牌我还能说什么呢？当然，当下的产品是有潜力的，它是第一款在超市上架的罐装有机豆类产品。"泰勒说，"但是我对它的包装很失望，我意识到现在的顾客在选购有机产品时所需要的不只是真实的

体现。把这点铭记于心，我想我可以单纯地把豆子展示给顾客。我尝试用极简的包装设计来衬托产品的高质量，并且用一个比较温和的副品牌名称来重新命名：Bean Bags。这带来一个完全颠覆的罐头的设计：一个可以微波加

图1

热、重新密封、可回收的设计。"为了制作模拟产品，泰勒用网版印刷将简单的手写字体直接印刷在一个浴帘上，然后再用他室友的直发棒加热封口。包装设计的整体效果就是简单、健康、亲切。

图2

图 1 ~ 2　学术项目
手写字体、网版印刷、手工加工。

DesignBridge 工作室

Farm Frites 是世界第二大的国际餐饮服务公司。为了迎合人们对健康食品的需求，Farm Frites 邀请 DesignBridge 工作室（p158 也有介绍）为大众认知比较负面的产品重新打造健康的品牌形象。

新的副品牌名字是"Nature's Goodness（天然的精华）"，非常坚定地传达品牌的健康定位。"Farm Frites 公司的前身就是农村（他们的总部就建在原先的农场里，就是包装上所描绘的那种被土豆田所包围的农舍），我们从中得到启发，设计了一款最纯净自然的方案——土豆麻袋，无论是在交货点还是在批发商的冷库里，这个设计都能使 Farm Frites 的产品清晰地与其他品牌区分开来。"创意总监克莱尔·派克（Claire Parker）说道。除了包装袋是大批量印刷的，最终的设计再现了天然的感觉，也营造出一种薯片直接是农场出产的感觉。设计的目标是要设计出的包装能瓦解产品已被认定为"快餐"类别的品牌定位。包装袋本身并不是真的麻袋，这种质感（详见图 1）是经过扫描后印刷到袋子上的。

Design Bridge 工作室也同样为 Love 2 Bake 烘焙品牌（详见图 2）设计包装。主厨朱莉·巴克利（Julia Barclay）对烘焙的热情源于她孩童时期母亲的影响，从而演变成职业。朱莉加入了电视节目《厨艺大师》的制作团队，并且同时也在加入了制片人迪莉娅·史密斯（Delia Smith）的英国系列节目《如何烹饪》。

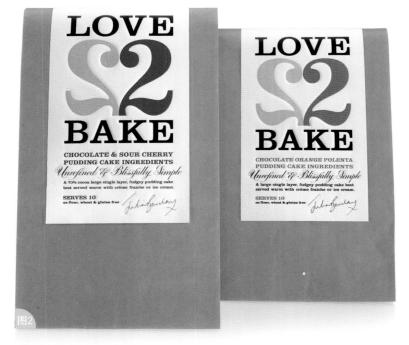

图 1　客户：Farm Frites
手工审美。

"偶尔在烘焙的时候，橱柜里的原料不是那么均衡，每个品种或多或少。而朱莉的产品 Love 2 Bake，把事先称量好的最精细的原料组合在一起，让烘焙变得尽可能地简单。Design Bridge 受到邀请为 Love 2 Bake 的主打品牌设计包装，传递出产品的单纯性和质量。"高级设计师凯西·桑普森解释道。

"我们受到启发后创作了一款'简单幸福'的设计，就像产品的原料一样。由于数字 2 的镜像图像（可参考图 4，特写展示了凸版印版），组成了一个新的心型形状的标志，并且与品牌名称 Love 2 Bake 中的'love'有了一定的关联，也有着仅从两种原料开始的简单寓意，反映了温馨的品牌个性。使用传统工艺，在新的标志和字体中结合了手绘文字，在手工封口之前，将其用凸版印刷技术印制在非涂布纸上，创造出优美的手工设计。"设计成品提升了简单的牛皮纸袋的质感，从原本的普通平凡变成高档精致。

图3

图4

图 2～4　客户：Love 2 Bake
手绘文字、凸版印刷、手工整理。

Able Design 设计公司

　　Able Design 是一家小型的设计公司，位于美国宾夕法尼亚州的费城。自 2008 年创办至今，已经与一些品牌合作，帮助他们能更接近自己的顾客群和目标市场。

　　One Village Coffee（OVC 咖啡）是一个在费城外的专业咖啡豆烘焙企业，成立多年，其目标是为在尼日利亚乡村的非营利合作伙伴提供盈利性的指导。公司的执行总裁和启动团队都有着充足的精力，他们比同类竞争产品花更多的时间在演示和品尝上，因此很快地吸引了一群的追随者，并且还在迅速增长着。

　　"One Village 品牌背后的理念是提供一个公开的平台，让志同道合的人们聚集在一起。"设计师格雷格·艾什说道，"我们意识到集体的力量，正如孩子们常说的那样，两个比一个有趣多了。"

　　"我们希望包装能暗示出村庄的感觉。希望它能有些娱乐性，以不同的方式捕捉话题。我们从众多群众运动里找寻了大量的视觉灵感：手工制作的标语、请愿书、壁画。有趣的是，出售 One Village 咖啡的大多数的小型咖啡店都有着同样的审美：手写黑板、窗花和贴满 DIY传单的布告牌。OVC 的包装袋需传递给人们真诚、真实的感觉。如果它能达到这样的效果，甚至有点像是一场运动。"松散的手工素描给予包装一种随性、有机的感觉，并在整体的包装上保持这样的概念，让排版有种手工制作的美感。

图 1~2　客户：One Village Coffee
手绘图案、手绘排版。

Twig & Thistle 设计博客

凯萨琳·乌尔曼（Kathleen Ullman）是一位设计师，现居住在华盛顿州的西雅图。Twig & Thistle 是她分享个人设计灵感和 DIY 作品的博客。"我设计作品是为了满足我自己的手工设计欲望，但是同样我也有机会为别人设计作品。这正是我所想要做的，而且我也乐于把这些分享给更多人。"她这么说。

她最有名的作品之一是她的情人手袋（图 2）。"情人节与当天能得到的特别待遇密不可分，所以我想设计一个简单的包，可以用来放布朗尼或者其他甜点。当我发现可以用喷墨打印机在平面工艺袋上打印时，我非常兴奋。这启发我做了许多的设计。无论什么时候当我需要一个可爱的小袋子时，都有素材可用。两个袋子都是在 Illustrator 软件上进行设计的，并且用我的打印机小心打印而成。我用一个旋转切割机配上一个扇形刀片，把袋子的顶部裁剪成扇形。"乌尔曼的设计有着一种微妙的古董的感觉，而且这些包袋看起来像是用凸版印刷。

客房风味包（图 1）是从一位即将到访的外地客人那里得到的启发。"我购买了薄纱袋，然后把两个自定义标签缝在了正面，"乌尔曼说道，"里面有可冲调的

热可可茶包以及被切割成雪花形状的自制棉花糖。让热可可茶包与黄色和灰色的配色方案相匹配是一个大挑战。最终，我们在当地的杂货店尽我们所能，买了很多这种单杯式的茶包。因为它们能完美地装进带子里。"

图 1　个人设计
手工缝纫、手工整理、手工组装。

图 2　个人设计
手工整理、手工组装。

包装袋设计成品展示

设计师：弗朗西斯卡·阿迪亚·达维拉
（ Francisca Aldea Davila ）

个人设计作品

这款面包的包装要求就是低成本。设计师达维拉先是手绘了包装上的插图，然后再扫描到电脑上进行调整。图片最终由喷墨打印机打印到手工纸上。

工作室： Peter Gregson Studio
客户： Aroma 食品

这款坚果系列产品的包装能吸引顾客的目光，既有趣又能起到有效的信息传递作用。字体和图元元素跟传统包装上的相比显得更加随性，并且应客户的要求为包装增添了一点异想天开的感觉。

设计师：乔安娜·凯（ Joanna Kee ）
客户： Come Home Soap

简单的印章可以有很大的影响。这款肥皂包装，设计师凯在牛皮纸上印制印章，包装的开口向下折，并用圆形贴纸固定在包装的两侧，从中间进行穿孔，最后用棉线穿过，进行固定。最终的成品特征明显，又带有一点古董的魅力。

工作室：Peter Gregson Studio
客户：Woman Hairstyle Studio 美发产品
以发丝图案作为包装纸袋的图案，而这款纸袋是用来包装美发产品的。

工作室：Project Party Studio
客户：Vanessa Espinosa 礼品
"在西班牙有这样的风俗习惯，婚礼之前，新婚夫妇身边亲近的人会带一打鸡蛋给克拉丽莎修女（Clarissa Nuns），她会为结婚当天有个美好的天气而祈祷。"设计师丹尼尔·巴洛斯·阿格斯蒂诺（Daniel Horacio Agostini）说。设计师设计的这款婚礼鸡蛋包装采用了精美装饰的标签，并用棉绳捆绑在包装上。

设计公司：Subplot Design Inc
客户：Petcurean Pet Nutrition
"为了设计出一款比较有现实主义感的包装来迎合求新的市场环境，我们做了大量的研究，"设计师罗斯·钱勒（Ross Chandler）说，"最终的成品是经过精心的设计，以照片和插画营造出真实的纸张的褶皱感和麻袋的质感，覆盖了现有的销售标示，告知顾客所采用的是优质的新鲜材料。"

可再生使用
元素
案例分析

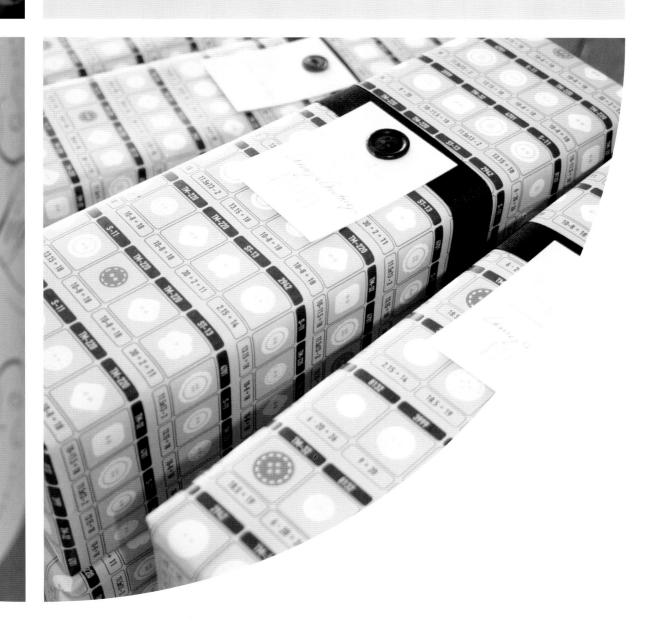

第十章　布料及包裹式包装

　　布料及包裹式包装为包装提供了一个增加肌理元素的好机会，同样也能为包装增添花纹和色彩。基于这种包装的性质，它们也能为任何设计带来手工制作的美感。

案例分析
Sideshow Press 印刷店

　　Sideshow Press 是一间位于美国南加州查尔斯顿市的凸版印刷店。"伴随着印刷的噪声，我们在马驹般大小的 1926 凸版印刷机上，独立印刷了每件作品。我们三人是以字体、纸张、现场艺术及设计为职业的女性，而且崇尚全心全意的手工劳作，于是决定重新启用老式的凸版印刷机。我们从 2004 年开始制作手工凸版印刷的商品。在历史悠久的查尔斯顿市的市中心的猎枪店面里，我们三人在同一屋檐下进行设计和印刷。"合伙人艾米·帕·斯雷特（Amy Pastre）说道。

　　"这个设计的由来是我们的客户的邀请了查尔斯顿市顶级的八位大厨参加自己的私人晚宴，并邀请主厨芭芭拉林奇（Barbara Lynch）掌勺。客户希望邀请函能做得有纪念性，并且独特。我们把主厨芭芭拉自制的猪油包装成罐作为邀请函使用。每一罐猪油都是手工包装的，并贴上凸版印刷的牛皮纸标签，再用更多的牛皮纸包裹起来，贴上用格明德金纸进行凸版印刷的另一个标签，再系上棉绳。每一个邀请函上，主办方都在一个小信封内塞入一张个性化便签。所有邀请函都由当地的一位屠夫运送的。这款设计中最大的挑战就是——把像猪油这样没那么有吸引力的东西打造得颇具美感。通过对纸张、材料以及印刷技术的运用，我们力图体现出活动的高端属性，但同时也能体现出客户的个性，显示出客户与被邀请者的密切关系。"

图1

图 1 ~ 3　客户：Kristin Newman Designs
凸版印刷、手工组装。

图2

图3

Tubbyphunk 工作室

Tubbyphunk 是一家小型但是多产的全方位平面设计公关工作室，成立于英国米德尔斯堡。工作室与当地、全国以及国际上的客户都有紧密的合作。

"工作室有很好的声誉，因为设计方案与众不同、令人过目不忘、有效并具有创意，能为商业产品或项目立刻增添附加值。"创意总监罗伯特·佩奇（Robert Page）说道。

Tubbyphunk 工作室为克利夫兰艺术设计学院（Cleveland College of Art & Design）的表面图案设计专业设计了宣传册，宣传学院并展示学生作品。宣传册在一些备受瞩目的展会上派发，像是 Indigo Paris（法国巴黎纺织展）和其他一些在伦敦或英国举办的设计展。"这款宣传册的概念是设计出一种令人惊叹的感觉，让接受者和宣传册之间建立起一种特殊的情感连接。"

"这款由学生设计的作品具有很强的视觉效果，并且以宣传册的形式承载了很多很好的摄影作品。在学校最后几周中的作业以照片的形式存档，然后制作成作品集。我从学校里老式印刷网版中得到灵感，利用网版的设计及质感设计了外部的纸板书套。"学生们自己组建了一条生产线，并且独立完成了手工印刷和粘制书套。"这使得宣传册呈现出手工的质感，并且带有学生作品的感觉。"螺旋装订的宣传册是手工组装的，毕业联展的邀请函是数码印刷的，嵌入小的黄铜环，并系上麻绳。

图1

图 1~3　客户：Cleveland College of Art 网版印刷、手工组装。

图2

图3

Stitch Design Co. 设计公司

艾米·帕特雷斯（Amy Pastre）和考特尼·罗森（Courtney Rowson）都是很具有动手能力的设计师，在 2009 年加入了 Stitch Design Co. 公司，为了打造一个全方位的设计公司，在位于美国南加州查尔斯顿市中心的办公室里，他们为大大小小的项目提供量身打造的设计服务。"我们沉迷于纸张、质地和字体，这些能为我们的设计添加一种触觉感。我们利用设计为艺术文化、时尚、食品、咨询、出版和广告领域的客户打造设计方案。我们很乐意与这些有创造力的、有趣的人们合作，他们会倾向于采用合作的方法，而我们也很乐于挖掘

我们自己的潜力，尽可能地为客户制作出最好的设计。根据定制的设计理念，我们与客户共同合作建立品牌和识别系统，为印刷品、宣传册、标示、广告、线上和电子媒体制作精致的设计。"

这对合作伙伴想到了一个有趣的方式来赠予客户节日礼品。"我们最爱做的设计之一就是图案设计，"帕特雷斯说道，"我从祖母那里得到了一系列古董纽扣样品，这些纽扣都来自于我祖父母经营了很多年的杂货店。纽扣纸板上图案质感非常美妙，于是我们想把这种图案捕捉下来，作为包装纸的图案。

把原本的样品纽扣纸板转换称花纹是一个难点。我们试图记录并保持不同纽扣的迥异质感。同样，把立体的、有历史的立体物件通过电脑转化成平面的设计也是一种挑战。"

"我们包装好礼物，系上蝴蝶结，并附上一个带有手工缝制的古董扣子的标签。当包装纸和标签都是数字印刷的时候，手工包装让每个礼物都展现出个人风格。"

图1

图2

图 1~2　自我推广项目
凸版印刷、网版印刷、手绘插画、手工包装。

One Trick Pony 广告公司

　　"美国新泽西州的哈蒙顿市是盛产蓝莓的地方，堪称全球的蓝莓首都。" One Trick Pony 广告公司的合伙人罗伯·里德（Rob Reed）说。"当我们搬到哈蒙顿开始营业那天，我们就注意到这一特点，并且意识到我们必须要想办法利用当地的这一特点。我们达成了一致，如果客户不能到访品尝哈蒙顿第二甜的出口产品，我们就亲自把蓝莓寄给他们。每年夏天我们都要寄出超过 200 品脱的新鲜采摘的哈蒙顿蓝莓给全国各地的客户们。"

　　每一年，在 One Trick Pony 公司员工之间都会举行一场设计比赛，优胜者的设计将会作为公司的包装材料。"我们把凸版印刷、平版印刷、手工印刷、金属油墨、甚至手工制作的纽扣都一一尝试了。唯一不变的是包装材料的形式，一直都是可以包裹 1 品脱的蓝莓，并

图1

图2

图3

且很容易被粘贴住的简单纸张。"蓝莓包装纸有着明显的手工制作的质感。在这个示例中，字体模仿了经典的木质字体，为整体设计增添了额外的手工制作的温馨感。

图 1~3　自我推广设计
凸版印刷、网版印刷、手绘图案、手工包装。

Chewing the Cud 工作室

Chewing the Cud 是一个成立在美国加州洛杉矶的设计工作室。"我们的设计主要以纸张和布为载体，再与所有特殊的物品有机地结合在一起。"主创维奥拉·苏丹托（Viola Sutanto）解释道，"我们在创作时都极其谨慎而且考虑周全，并且尽可能使用质量最好的环保原材料。"

Give Wraps ™品牌包装的灵感来自于一种日本传统的包装方法——风吕敷（Furoshiki），常被用来包裹衣服、食物及礼物。"这是一个现代改进版本的风吕敷，传统的风吕敷都以真丝和绸缎来包装，用不同的颜色进行修饰或染色。我们的包装材料是棉布，而包装的形式则是一样的。但是设计、材质以及包裹最后系的结蕴含着'送'这个意义，都是我们对传统的风吕敷的演绎和革新。我们希望设计的成品最终是既有功能性又有启发性的：功能性是因为对于包装纸来说，棉布更环保并且还能再留作他用。启发性是因为 Give Wraps ™包装本身就是一种经过深思熟虑的赠送礼物的方式方法。"苏丹托这样解释道。

"我们从赠送礼物的方式开始头脑风暴。查看了很多关于馈赠的视觉语言和象征符号，这些符号在不同的文化背景中各有各的不同。巧合的是，多年前我在艺术学院里的毕业论文就是关注礼物与馈赠的，所以我已经有了一些基本的构想和概念，一切仿佛又回到原点。我们为表达赠送的每个样式图形都注入一定的意义。一连串代表好运的符合可以让一个引人注目的设计传递出吉祥的含义。另一款式里，异想天开般的树的插画变成了给予

图1

智慧的一种比喻，这也变成了包裹书的最佳选择。"

"有很多早期的手绘作品都很不错，并且尝试了与多种面料和折叠包装技术的结合。我们很明确地

图 1~4　客户：EVO
网版印刷、回收改造。

110

希望使用 100% 的有机棉布，并且印刷时需要使用大豆油墨，而找到货源就是一个挑战。首先需要解决的就是找到制作合伙人，不仅有大尺寸的印刷机器（因为我们的包裹材料是 28 英寸 x28 英寸的，也就是 70 厘米 X70 厘米），也要愿意使用环保材料，并且能制作出比较高质量的产品。"

"因为我们是一家小的设计工作室，资源也比较有限，我们只能做一些小规模的样品设计，而这对于制作成本来说并不划算。整个制作过程，同样也是一个体验的过程，所以还是非常值得的。"

"布料包裹的艺术因为布料和折叠的性质，注定了包裹天生的不完美感。它也不能被完美复制，就像手绘插画一般。每次折叠和每根线条共同营造出手工的触感。"

布料及包裹式包装成品展示

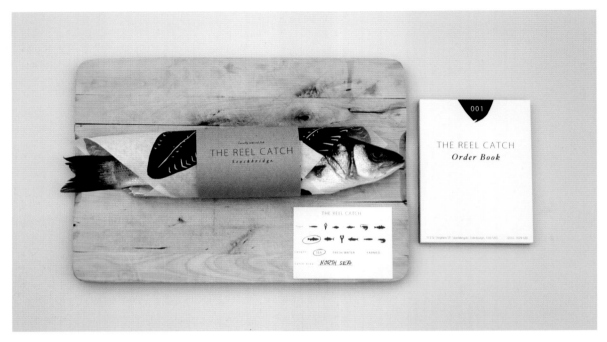

设计师：杰西·哈里斯（Jesse Harris）
学院设计作品

"这个设计概念是为一个渔业销售商所做的，结合了手工绘图和电脑绘图，照着照片，绘制了鱼身上的不同部位。我进行了一些搜索研究，然后把手绘的形状都剪切了下来。这些形状有着有趣并且原始的美感。我非常喜爱这些形状，并且运用网版印刷的方式将它们印制到不同的纸张和其他用于包裹于的材料上。"设计师哈利（Harry）解释道。

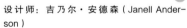

设计师：吉乃尔·安德森（Janell Anderson）
个人设计项目

安德森（Anderson）使用了手边的材料，包括日式和纸和胶带，把她公司的手工肥皂Prunella进行独立包装。设计虽然简单，但是图案很有趣。而且设计的简单也反映出手工肥皂的纯粹性。

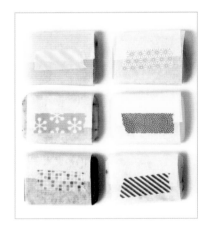

设计师：瓦迪姆·帕希钦科（Vadim Paschenko）
客户：Candy Lights

帕希钦科（Paschenko）在薄面纸上进行印刷，作为这款手工蜡烛的包装纸。他用贴纸、蜡和棉绳装点了每个包裹包装。

设计师：**萨莫·沃特金斯**（Summer Watkins）和
蒂泽密·莫蒂默（Desirmm Mortimore）
（摄影师：Jenny Liu）
个人设计项目
不想穿了的毛衣可以很容易地被改造成精细的红
酒瓶瓶套，这是一个非常好的环保案例。

设计师：**萨莫·沃特金斯**（Summer Watkins）和
蒂泽密·莫蒂默（Desirmm Mortimore）
（摄影师：Jenny Liu）
个人设计作品
造型师萨莫·沃特金斯给予礼品包装一种
设计师自身独有的特别触感。"除了一些
附加的蓬松花边和蕾丝，大多数布料都是
从我不穿的衣服上裁剪下来的。我几乎从
来不丢弃这些布料，甚至连我的旧衬衫或
毛衣，我也都会把它们利用起来，制作这
样的设计。选择了像这样的简单的色调，
就比较能够专注于质感上，这也是我最喜
欢的元素之一。"

设计公司：Stitch Design Co.
客户：Lowcountry Local First
这些请柬制作成包的样子，在可回收的布料上进行凸版印刷，并
且只使用了三种颜色。一个邮寄吊牌被缝在袋子上，这样请柬就
可以直接邮寄到家。

第十一章　循环使用和升级改造

这一章介绍的不仅是那些使用回收的或可回收材料所制作的包装，同时也介绍了将现有的产品再度利用，通常能为其他可持续包装提供更便宜、更独特的选择。

案例分析
Office 工作室

Office 是一间成立于美国加州洛杉矶的创意工作室。"我们制定策略、设计体验，以此让产品变得更好。"经理朱莉·代尔（Julie Dyer）介绍道。

世界知名电商 eBay 邀请 Office 工作室为他们的绿色物流试点项目设计一系列包装运输箱。公司计划赠送 10 万只箱子给 eBay 的卖家们，并且鼓励收件顾客重复使用这些箱子。

"根据 eBay 的想法，如果箱子被重复使用 5 次，这个项目就可以保护将近 4000 棵树，节约 2400 万加仑的水，并能节省可供给 49 个家庭全年的电量。为了鼓励人们重复使用这些箱子，我们需要以具有吸引力的设计让人们接受这些箱子。"代尔说。

参考了与 eBay 企业文化相一致的视觉语言，Office 设计了比较友好的插画，并且具有手绘的感触，印制了那些对地球有益的建议，也采用了一些更加环保的包装技巧。在箱子里，有一只快乐的小鸟问道："下一站是哪？"为了追踪每个箱子的行程，箱子上留有空白，寄件人可以给下一个收件人写下一段留言，这样收件人可以知道箱子到底从哪儿来。

图1

图 1~3　客户：eBay
可回收材料、水性油墨。

虽然这个项目并没有要求，Office 工作室与合作的制造商和印刷厂一起研发了一款环保的方案。每个 eBay 盒子都是由 100% 的环保材料做成的，印刷使用的也是水性油墨，并且也不需要太多的胶带。当箱子不能再被作为运输包装使用时，也可以被完全回收。"不用担心，它能再被用作一些美好的事物，像是生日贺卡或者电影院里的爆米花盒。"

"设计这个项目的最大挑战在于时间的紧迫，"代尔说，"给我们及供应商的时间都非常有限，没有任何事后的补救时间……我们设计得很迅速，然后加工速度也很快。有时过度的思考也会让一些有趣新鲜的想法被搁置，不过幸运的是，在这个项目上并没有发生过这种情况。"

Stitch Design Co. 设计公司

Rewined 品牌的蜡烛都是由纯天然大豆蜡烛灌注在废弃的酒瓶里。"这一品牌的蜡烛都有这种令人陶醉的香气，它们分别模仿了一些受欢迎的葡萄品种所酿制出的、浓郁的葡萄酒香。"Stitch Design Co.(也可参考第156页)的艾米·帕特雷斯(Amy Pastre)说，"客户找到我们，希望能改进现有的包装。我们用手写字体重新设计了标志，并用简单的排版和分层标记系统改造了他现有的牛皮纸标签。每一个蜡烛都有一个复古的制造商标签，并且由蜡烛制作者签上了姓名和制作时间。一片薄的木单板遮盖在蜡烛上，保持蜡烛的清洁，确保在使用前不会沾上灰尘。我们还设计了一种蜡封系统——以颜色编码，每个品种的香味和颜色都配有绿色的小贴纸，提醒每个顾客使用过的包装是可以再次回收的。除此之外，每个标签都是凸版印刷，由Sideshow Press 印刷工作室进行印刷并手工粘贴上的，这些都使得蜡烛变独特并具有手工工艺感。"

"这个设计的要求就是让产品看起来很独特，因此我们使用了多重工艺和原材料。"帕特雷斯说。主要标签是在牛皮纸上进行凸版印刷的。而制造商的标签是平版印刷的，蜡封也带有一部分系列产品的颜色。每个标签和封条区分了瓶子的层次(瓶子自身的色彩和质感也很不错)。"我们与客户紧密合作，以确保这一分层技术不用花费太多人力。为了能达到最好的成品效果，客户愿意花更多的精力在组装上，对此我们感到非常欣慰。"

图1

图 1~4 客户：Rewined
凸版印刷、手写字体、手工组装。

图2

图3

图4

Three Blind Ants 工作室

Three Blind Ants 工作室 是由亚伦 (Aaron) 和艾米·奥普索 (Ami Opsal) 这对夫妻所创办的，他们的知名设计是 Boxsal 野餐盒。亚伦在广告、品牌设计上都有着丰富经验，并且也是 The Brand Hatchery 公司的所有者，这家公司同样是一家涉及品牌、广告、设计及交互媒体的公司。

"Boxsal 是一款环保的、时髦的野餐盒，从内到外都有着很强的设计感，并且可以让你的野餐更具有自我风格。无论是浪漫的临时约会，还是城市中的风格野餐，抑或是果断随性的翘班餐，Boxsal 是一件可以打包你所有味蕾的创意物品。"亚伦解释说。

每一个 Boxsal 野餐盒都使用可完全回收的生物降解材料，刀、叉、勺子这些都包括在 Boxsal 的食用餐具套装里。餐具和杯子都是由可降解玉米淀粉制作而成的。托盘和碗是由甘蔗纤维制作的。每一套还包含着可回收的餐巾纸和可降解的垃圾袋，用来清理野餐制造的垃圾和剩饭。食用餐具是一次性的，但是野餐盒可以多次重复使用。它甚至在冬季可以用作储藏箱、行李箱或是作品盒。"每个野餐盒都可以充分地被重复使用，是这个设计作品的命题之一。我们发觉这仅仅只是制作一个新产品的敲门砖而已。真正的魔力在于，每个 Boxsal 盒子都可以为野餐带来创造力。在这个行业里已经很长时间没看到任何巨大的突破了。再也不需要 100 年树龄的老橡树来作为你午后散心的依靠了。取而代之的是，你可以到最近的屋顶天台，或者是市区内的公园里，铺开野餐毯子，打开你的想象力。"亚伦这样说。

图1

图 1~4 个人设计项目
手绘、手工上色插画、手工组装。

所有的插图都是事先手绘好再扫描的。"为了这个城市野餐盒项目，我们与当地的一个涂鸦艺术家合作，创作了平面设计草图，"亚伦说，"我们尝试了几种喷涂方法、运用了一些花式笔刷的应用程序以及一些复古的铅笔画画风。我们运用了三种风格创作出了最终的设计作品。工作的设计室大约是20英尺x16英尺x16英尺（约6米x5米x5米），几乎各个角落都堆满了草稿。我们把所有的设计稿按市场分类，然后才开始我们的编辑工序。因为预算有限，所以我们着眼于那些可以在工作室里自己制作的设计。我们想在起步时做十个产品，但是预算很快使我们打消了这个念头。现有的三款设计是针对三个不同的目标群体。Urban（图1）是针对男性和所有城市内生活的人。Today's Date（图2）比较有浪漫情怀，对孩子们来说也很有趣。Office Escape（图3和图4）则更能体现美国企业文化。

"Today's Date的样式参考'按号涂色'，设计很有冲击力，"亚伦继续说。"我们找来一些老的

家庭照片和壁纸的边角料，拼接在一起并从中得到灵感。我们用手把原本的设计稿裁剪为一半的画幅，然后扫描到电脑里。我们亲手用French Gray记号笔为第一个打样涂色，确保'按号涂色'的设计是成立的。整个上色过程耗费了一天时间。"

所有的食用餐具套装和吊牌都是手工组装的，Boxsal野餐盒也是在一个当地仓库里组装的。所有的

野餐盒都是在当地的 Dallas/Fort Worth 工厂印刷的，工厂位于美国得克萨斯州。原材料的60%是可循环再生的，有FSC（Forest Stewardship Council 森林管理委员会）认证，瓦楞纸板使用了Earth-flex油墨印刷。亚伦解释说："大豆基底的油墨不能达到我们所要求的印刷密度和覆盖度，但是Earth-flex油墨也是一个很好的环保选择。我们使用传统的柔性印刷方式并且用模切制作出形状。"

图2

图3

图4

设计师艾瑞克·卡斯

艾瑞克·卡斯（ERIC KASS，在第 152 页也有介绍）是设计公司 Funnel：The Fine Commercial Art Practice of Eric Kass 的创始人，该公司位于美国印第安纳州印第安纳波利斯市，是一个全方位的艺术设计工作室。

Linnea's Lights ™品牌使用了纯天然的大豆蜡、无铅蜡烛棉芯、纯天然物质以及精美的香精制作了能清洁燃烧、高芳香度的蜡烛。所有 Linnea's Lights ™的大豆蜡烛都是小批量生产并且是手工精心制作的。自制的模切无涂层标签，运用平版胶印在有香味的 PMS 金属片上进行印刷，各种颜色的手工橡皮图章对应特定的香气，为产品添加了多种颜色，也同样传达了手工制作产品性质，这是一款性价比很高的设计，可以迎合千变万化的各种香气。包装的基础材料关乎产品的纯粹度。古代华丽的包装细节对设计产生了影响，传递出一种关注质量的深刻考量。纸板盒是高度环保成本又较低的包装方式。

"设计的挑战是要制作一款感觉精致的、高端的包装，但是起步的预算又很有限，而且要能应接不暇地轻松定制出适合各式各样香味的包装。"卡斯介绍说。

图1

图2

图3

图 1~3 客户：Linnea's Lights ™
手工印章、手工灌入、手工包装。

Mangion & Lightfoot 设计公司

　　Mangion & Lightfoot 是一家位于地中海岛国马耳他的设计公司，是由设计师马修·曼基安（Matthew Mangion）和马克·莱特福特（Mark Lightfoot）合伙创办的。他们为客户的品牌提供策略、创意以及执行支持。

　　这个特别的设计项目是因为他们的好朋友兼客户温斯顿·佐拉（Winston Zahra）前来开会时为大家带来了一瓶在他自己的小树林里自制的橄榄油，瓶子上没有任何标签。他们就针对这款橄榄油进行了讨论，并想到了一些环保的标签设计方案。"最主要的挑战就是要制作一款标签，尽量少用到工业工艺，并且不用为了产品的产量而需要强烈的密集劳动。"曼基安说。此外他还提到，要以使用可回收材料作为前提，于是得到启发，选择报纸和硬纸板作为标签的基本材料。接下来遇到的难题是如何将产品信息呈现在这种"碎片"标签上。因为该产品的产量相对比较少（约百件），设计师们便想出了用橡胶印章的方法。一套印章包括的标志印章、公章以及容量印章等。橡胶印章是一种环保、成本低以及便捷的方法，可以将信息转印到瓶身上。

　　标签最初是由大的对开报纸合在一起组成的大张原材料。用大尺寸的尺子和笔来勾勒标签的尺寸，然后在报纸上贴上小块的纸板，在纸板上印制的信息要比在报纸上印制来的更清晰些。用橡胶印章在标签上进行印制，经过裁剪、最后粘贴在瓶身上。整个过程都是手工完成的。

图4

图 4　客户：Winston Zahra
手工标签、手工印章、手工包装。

设计师 Elea Lutz

Nostalgia Origanics 是一个洗浴用品和礼品公司，并且是一个充满爱的制造商，创始人伊利亚卢茨（Elea Lutz）这样介绍。她生来就热爱艺术、设计以及任何有情感价值的东西，她对精油、植物药和天然保健品有兴趣，这些是建立起这个品牌的核心。卢茨自己设计了品牌的包装。"我的大多灵感来自于童年，看到我祖母打理花园、为连衣裙缝上花边、邮寄手写的信件，让我感受到祖母朴素世界里的单纯和感动。我从过去的这些细微、平凡的细节中找到了慰藉和灵感。同样，我的孩子也带给我一些启发。你可以看到他们有趣的相片、小玩具，或者关于工作室的手绘涂鸦。"

卢茨自己设计了所有的图案及标签。"我通常先把想法勾勒在纸上，然后再用电脑进行上色和细微调整，但是工艺效果取决于我想达到的产品的样子和感觉。"卢茨亲力亲为地设计包装和思索设计想法（样品包装、组件、色彩搭配等），通常需要花费数月在构思一个概念上。"我希望包装能有一种舒适的、复古的感觉，与我的灵感相贴切。"她这么说，"我也希望产品能透露出精美的细节——手工缝制、蝴蝶结和高档的原料。"

"我所面临的最大的挑战之一就是如何像标注产品内在的有机成分一样，在包装上注入相同的关怀和关爱。可重复使用、可回收、可

图1

图2

图 1~5　个人设计
手绘插图、手工组装。

图3

图4

图5

持续利用——这些特质是我的优先选择。要能找到满足这些要求的包装，特别是在预算有限的情况下，会变得比较困难。我必须抛开包装盒这个想法。最后，我找到了一款精美的、可100%回收的纸张用来制作包装及标签。这一挑战也激发

了我对可重复使用布料的运用，不仅作为包装也能制作标签，打开就能展现出缝纫的图案。与其销毁它们，不如让这些图案与包装的面料搭配在一起，制作出一些新的、有用的东西。"

卢茨又说："在我继续研发新产品时，我仍坚持以可重复使用、可回收、可持续利用这一理念作为包装的指导思想。虽然困难，但是这也让品牌的核心价值始终如一，这非常重要，也非常值得去挑战。"

设计师林赛·帕金斯

　　林赛·帕金斯（Lindsay Perkins）是一个自由设计师，现在定居在美国佐治亚州的萨凡纳市。她毕业于萨凡纳艺术设计学院，主修平面设计。这里所展示的环保设计是她在学生时间精心设计的。

　　这个品牌和包装的概念来自于缅因州当地的小型有机农场。理念是设计一款可持续的使用的、有机的、无标签的包装。"让我们身边的草变得更绿"这句话给予了整个包装设计的灵感。用来制作纸袋和菜单的纸张由草种子制成，可100%回收，且能进行生物降解。所以即使它只被使用一次，无论最后被丢弃在哪里，都不会成为有害物质。

　　所有运用在包装上的字体都是手工渲染的，模拟草的形象。牛奶瓶也是无标签的，所有的信息都是直接印制在瓶身上的，并且可以从消费者那回收，继续灌装使用。奶酪是用可生物降解的干酪包布及蜡纸进行包装的。不同的奶酪用不同的贴纸来区分，同时贴纸也起到固定蜡纸的作用。所有包装上的农产品的标志都是被手工印制上的，因此每个产品都会有些许不同，正符合有机农场出品的感觉。

图1~3　学术设计作品
手写字体、手绘插画、手工包装、手工印章。

循环使用和升级改造成品展示

设计师：克里斯·皮亚希克（Chris Piascik）

客户：Morgan & Milo

克里斯·皮亚希克与 Moth Design 设计公司和 Alphabet Arm 设计公司一起合作，为美国儿童鞋品牌 Morgan & Milo 设计了鞋盒，该童鞋制造商位于美国马萨诸塞州的波士顿市。牛皮纸盒只运用了绿白两色，采用网版印刷，整体设计意在宣传环保，并鼓励客户们继续使用鞋盒。鞋盒外印满了拼图、游戏、迷宫、谜语、语录以及卡通角色。

设计师：卡地亚·乌伦别科娃（Khadia Ul-umbekova）

学术设计作品

这个系列的茶叶包装及绘图灵感都来自于斯里兰卡的传统艺术。插图是手绘而成的。"我用丙烯颜料在纸上画好。为了能营造出有些陈旧的艺术感，我先进行丝网印刷，然后再对图像进行扫描，因为图像是印制在牛皮纸上的，最终的成像会有斑驳的感觉，带给整体包装一种复古、磨旧的张贴画的感觉。"设计师介绍。

设计师：克里斯·查普曼（Chris Chapman）

学术设计作品

"塑料颠覆了整个食品产业——从水果到意大利面，我们用这个万能的材料几乎包装了我们所吃的所有食物。这不仅增加了食品的产量，也建立了一个大规模的非定域化食品网络。"克里斯·查普曼说，"这个实验性的包装的设计是为了减弱由材料的固有属性所引发的对产品的影响。我用传统的包肉纸，结合了一些现代的淀粉覆膜的卡纸，为了防止出现难看的潮湿斑点，这款包装也有意被设计成手工包装。为了预防大规模过度生产，提醒制造商不要只顾产品的产量，而放弃了产品的质量。"

专业级别
的教程

第十二章　实用操作技能

实用的操作技能会将包装由设计变为现实。这一章会介绍一些最基本的使用技能——制作重复图案和纸盒模版以及运用 Illustrator 软件的 3D 功能，并且介绍了凸版印刷、木板印刷以及网版印刷技术。

制作重复的图案

这个教程介绍了如何用 Adobe Illustrator 软件比较快速地制作无接缝的或者是重复的图案。在大多情况下，运用 Adobe 系列软件，可以用很多方法制作出无接缝的图案。在网络上搜索一下，就可以发现很多很好的教程，一些很简单，一些则需要依靠精细的测量和计算。这里介绍的方法则是介于两者之间的。（鉴于这章介绍的操作方法是基于苹果操作系统的 Illustrator 软件，故所描述的快捷键和操作方式皆为苹果系统所用——译者注）

创建元素

在 Illustrator 里新建文档，一般选择常规的信纸大小（letter-size）的文档尺寸大小。可以在文档里直接创建些图案，或者从别的文档里复制粘贴过来（选择图案，再按 Ctrl+V 键）。

设置文档

确保文档显示了标尺工具（Cmd+R 键），然后要确认下捕捉点是否有 "Snap to Point"，可在显示中检查 "View> Snap to Point"，再确认参考线（Guides）没有被锁定，如果被锁定了，也是在显示中解锁 "View > Uncheck Lock Guides"，因为到后面会需要移动参考线。

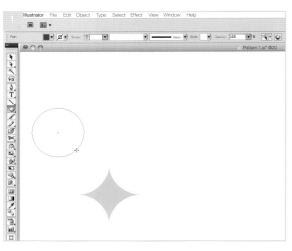

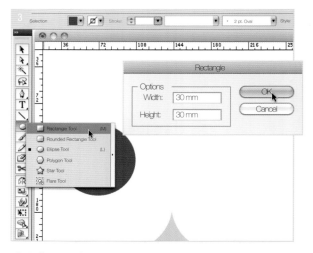

建立背景正方形

用一个正方形作为图案的基本组成部分，这样会比较容易将图形排列对齐，这是成功制作重复图案的基础。点击矩形工具（Rectangle tool）来创建一个正方形，然后双击画板（Artboard），将弹出一个对话框。输入你需要的正方形大小。一般使用 30 毫米 x30 毫米（1.25 英寸 x1.25 英寸）。

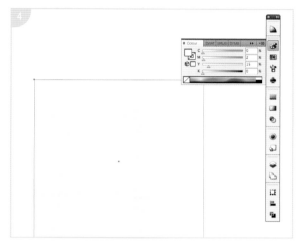

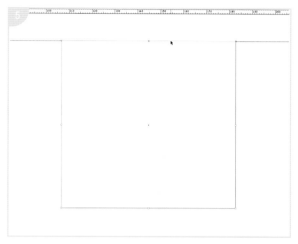

填充背景正方形颜色

你可以将正方形填充上颜色，也可以让它保持透明，但是要确定它没有轮廓线。当你要复制这个形来组成图案时，轮廓线的存在会打破背景的连贯度。

设置参考线

点击标尺，并把参考线拖曳到方形的边缘。

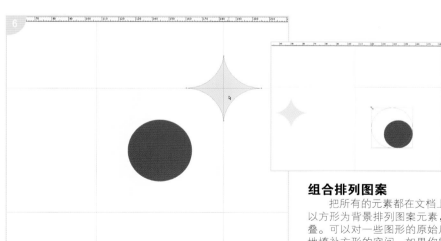

组合排列图案

把所有的元素都在文档上进行前置设置(Apple+Shift+])，以方形为背景排列图案元素，将其中一些与方形的边缘相重叠。可以对一些图形的原始尺寸进行缩放，让它们可以更好地填补方形的空间。如果你需要放大或缩小，选择目标图形然后拖曳图形的边角，同时按住 Shift 键，这样可以等比例增大或缩小你所选的图形。

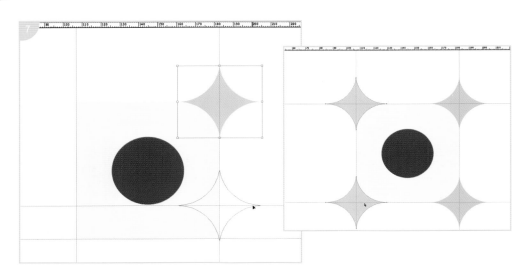

制作无接缝图案

在无缝图案的制作过程中，你需要将每个图案如上图般与方形重叠——或上或下，并且在边上重叠，这样保证图案没有断层。沿着重叠的参考线，选择一个重叠的图形元素。按住 Shift 和 Option 键，拖曳参考线和图形元素到方形的另一边。同时按住这两个键就能复制你所移动的图形，并且让它们保持原来的排列方式。按照所需要的，水平或纵向移动，复制每个重叠元素。因为示例中的元素在方形的右半边顶端有重叠，所以既需要水平复制，又需要纵向复制到方形的四个角。

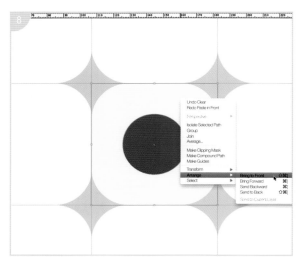

创建边界框

创建一个基础方形的复制图形（Apple+c），再锁定住原本的基础方形（Apple+2）。然后将复制好的方形粘贴到需要的位置上（Apple+Shift+V）。

准备裁剪

现在需要将图形转换为一个样本。首先隐藏参考线（Apple+;），然后解锁背景方形（Apple+Alt+2）。

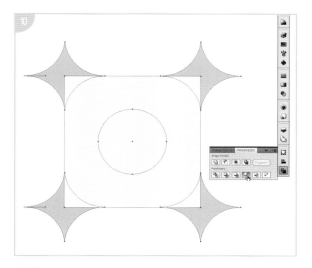

裁剪

选择所有的图形元素，在窗口中打开路径查找器（Path-finer palette：Window>Patherfinder），点击裁剪按钮（在路径查找器边缘的第四个按钮）。

保存样本

现在就有了一个裁剪好的方形。拖曳这个方形到样本面板（Swatch panel）。

检测样本

制作一个长方形或正方形图案，然后以制作好的样本进行填充，以此来测验样本制作是否成功。检查填充时，图形元素是否重叠在正确的位置，并且是否构成连续的重复图案。

Adobe Illustrator 软件的 3D 功能

这个教程主要展示如何运用 Illustartor 的 3D 功能，以此来制作瓶子的立体模型，并使用 3D 旋转效果（Revolve effect）贴上设计好的标签，这样你可以围绕着一个物体的中心轴，根据物体右侧外轮廓的曲线，创建出物体的立体效果。

准备标签

在制作瓶子之前，确定所需要的标签已经是可以直接粘贴使用的。准备好可以贴在 3D 瓶子外的标签，首先需要创建一个符号。第一步，选择标签及所有文字的外廓线（Cmd+Shift+O 或者在字体下选择 Type> Create Outlines），然后用选择工具（Select Tool）选中标签。在窗口中打开符号面板（Window> Symbols），将标签拖曳到面板上。或者，也可以选中标签，在标志符号面板的导航菜单里点击新标志（New Symbol），命名后，点击确定。这样就会出现在对话框里，确定是以图像形式储存标签的，而不是以影像片段储存的。

描摹瓶身

先对瓶身进行描线。可以徒手画或者沿着图像描摹。我在 clipart.com 网站上找了个很容易进行描线的图案。因为要根据物体的中心点进行旋转，所以你只需要使用钢笔工具对右半部分进行描点。如图所示，确保勾出的形状开口是向左边的。一般使用 6 磅线来作为描线的基准，这个粗细程度也确保描线能被清楚地识别辨识，也可以模拟出瓶身玻璃的厚度。在画笔面板中选择笔刷 Rounded Cap 或者 Rounded Joins，这样让描摹好的瓶子显得没有任何尖锐的边缘。

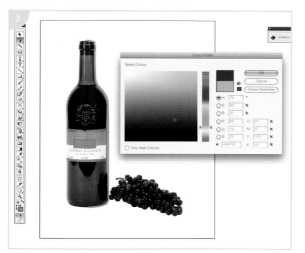

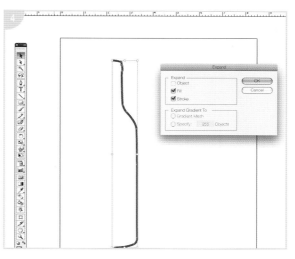

创建轮廓

有了描线之后，需要给它上色，让它的颜色接近瓶身。在这个图案上选择深绿色。在效果窗口中 打开 3D 旋转选项的对话框（Effect>3D>Revolve），选择更多选项（More Options）。选中阴影颜色选项卡（Shading Color tab），然后会弹出取色器菜单。混合并选定你所需要的新颜色，然后点击确认，先确认选取颜色，再确认 3D 旋转选项对话框，这样新颜色才最终被应用。

转换轮廓

一旦描线的效果确定了，就需要将它转换成外廓线，这样才能在不改变其形状的情况下，将它变成可填充路径（Filled Path）。将描线转换为外廓线，先选中它，然后在物体窗口下点击展开（Object>Expand）。这时会弹出一个对话框。确认填充色和描线都被选中后，点击确定。

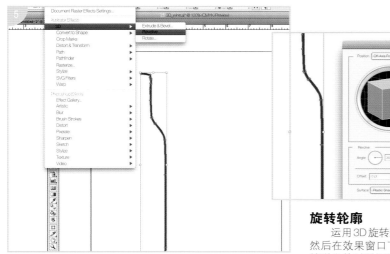

旋转轮廓

运用 3D 旋转效果让瓶子的轮廓旋转起来。选择好外廓线，然后在效果窗口下选择旋转效果（Effect>3D>Revolve）。保持弹出的对话框里的默认设置，点击预览，然后能看到原本的轮廓变成了立体的瓶子。

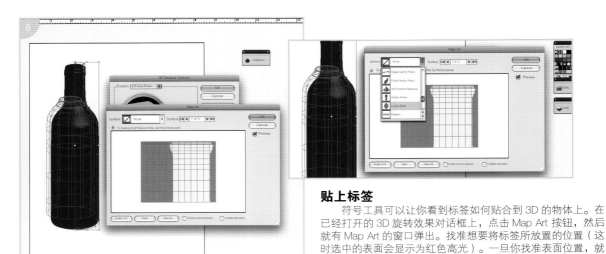

贴上标签

符号工具可以让你看到标签如何贴合到 3D 的物体上。在已经打开的 3D 旋转效果对话框上，点击 Map Art 按钮，然后就有 Map Art 的窗口弹出。找准想要将标签所放置的位置（这时选中的表面会显示为红色高光）。一旦你找准表面位置，就选中你想要放置的标签。

放置标签

拖曳标签到既定位置（白色背景部位为可视部分，而有阴影的背景则是盲区）。在 Map Art 窗口中，先点击预览（Preview），这样能看到将标签放置后的效果，因此也可以移动和调整标签的大小。可以通过拖曳标签的边界框的边角来改变标签的大小，同时按下 Shift 键来保证同比例缩放。选中阴影效果（Shade Artwork），确保标签与瓶子同属一种光亮条件下。当以上事项检查无误后，对 Map Art 对话框点击确认，接着确认 3D 旋转效果选择对话框。

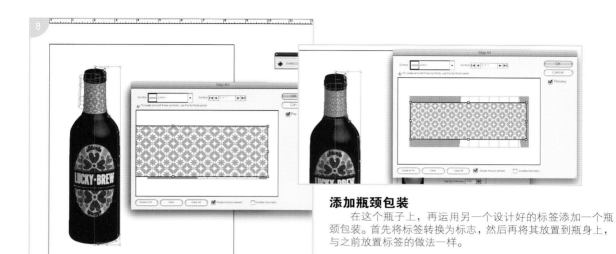

添加瓶颈包装

在这个瓶子上，再运用另一个设计好的标签添加一个瓶颈包装。首先将标签转换为标志，然后再将其放置到瓶身上，与之前放置标签的做法一样。

最终微调并打印

如果想要对瓶子进行微调，选中它，打开 3D 旋转选项对话框（Effect>3D>Revolve）。一个立方体会出现在弹出窗口中：可以通过拖曳立方体的边缘或者是立方体外的环形，以此改变瓶子在空间中的朝向。同样可以改变瓶子的透视，或调整光源。当成品最终达到满意程度时即可打印出来。

准备凸版印刷的材料

接下来将介绍一些凸版印刷前所应准备的印刷材料和基本设置，并给予一些基本的指引。凸版印刷有着自己的一套标准和考量。在设置印刷材料之前，最好先了解所使用的凸版印刷机器的工作原理。如果是用Illustrator软件设计的，在完成设计时，需要把每个颜色都独立分层。由于这个原因，也可以在设计的时候都用黑色，然后再单独制作每个颜色的分层，或者定义自己的调色板，并且使用软件为文档建立单独的颜色分层。

颜色

文档颜色使用单色，而不是RGB或者CMYK。尽量减少使用颜色的数量，而且不要使用任何网格和阴影。文档中所运用的颜色要与凸版打印机可运用的颜色一致。如果凸版印刷机只能打印两种颜色，那么设计文档里通篇也只能运用这两种颜色。

字体

要最好避免使用小于6磅的字体，因为小于6磅的字体印刷后会缺失一些细节部分，也比较难辨认。如果使用Illustrator软件（不要使用Photoshop来设置字体，因为它缺失好多功能，也不像Illustrator可以进行微调），要先勾勒出所有字体的轮廓线。如果选择的字体线条比较细，先检查下打印机是否能进行打印，或者打印出来的效果如何。

图像

矢量图像可以从Illustrator里很完整地被凸版印刷出来，TIFF图像格式也可以用于印刷。避免使用JPG格式的图像，因为JPG图像中的线条清晰度不够。

Photoshop格式的图片都需要被转换成Bitmap模式：Photoshop图像都是由细小的半色调的色点所组成的，而不是纯色。要转换成Bitmap模式需要在Photoshop里选择图像窗口调整灰度，Image>Mode>Grayscale，然后再转换成Bitmap模式，Image>Mode>Bitmap。Bitmap模式的图像需要选择600～1200dpi的解析度，50%的图像阈值。而对于快速图像来说，不要选择灰度，而直接选择1200dpi的Bitmap图片代替。

在Illustrator里的关联面板里进行设置，嵌入所有关联的图像（Link palette> Embed Link）。如果使用的是Quark XPress或者In Design软件，则要确定包括所有的图像文件。

线条

线条的粗细应该选择2.5磅或2.5磅以上。

净切尺寸

展示打印文件最终的实际尺寸时应选用1磅、100%四分色（CYMK）、黑色线条勾勒出边界线。一些印刷工人也可以接受把打印文件

图1　一个字体案例，展示了术语里所说的"大写"和"小写"。每个隔断里都放着不同的字母。大写字母都放在大隔断里，小写字母都放在小隔断里。

图2

直接设置为净切尺寸。可以事先跟印刷工人沟通，了解他们的习惯方法。

模切与刻痕

模线切口应当非常清晰，以 1 磅的洋红色的线标记出来。刻痕应该用 1 磅的蓝绿色线显示出来。

出血尺寸

如果印刷时设置了出血尺寸，出血尺寸应在裁剪尺寸上延伸 1/16 英尺（1.6 毫米）。

纯色

与数码印刷、平版印刷相比，运用不同的纯色色块的凸版印刷与传统的印刷方式有所不同。凸版印刷着实会留下厚重的油墨，这一工艺意义在于体现印刷的质感，最后的效果会有点像绒布面，与传统印刷的效果相比，颜色显得更加饱和。同时，纯色区域不能很好地表现精美字体以及纤细的线条的深度。

图2　这些卡片由制版师杰西·布雷藤巴赫（Jesse Breytenbach）运用凸版印刷机 Planet Press 进行设计印刷的。她将她自己的钢笔画扫描成矢量图像，并且用 Heidelberg platen 印刷机进行印刷。

制作模切线

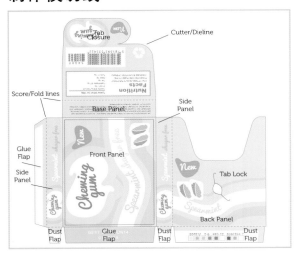

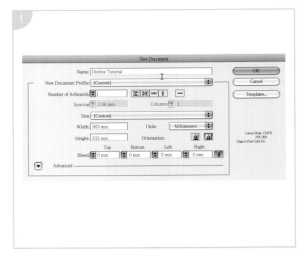

这个教程解释了模切线的设计基本要点以及如何在 Illus-
trator 里为已经设计好的包装制作模线图。这里以小的口香糖
包装为例。模切线是包装平面的剪切和折叠线，它的作用就
像模版一样。设计师们通常从制版师那里拿到模线图。可是，
如果客户想要一款新样式的包装或者制版师没有该包装的结
构模版，可能就要从头开始制作一款。如果客户提供了已经
设计好的包装，只要扫描一下，然后用像 Illustrator 这样的软件，
就可以制作出模线图。

文档设置

在 Illustrator 中新建一个足够大的文档，可以包含下模切
线、PMS 色板以及设计注解。

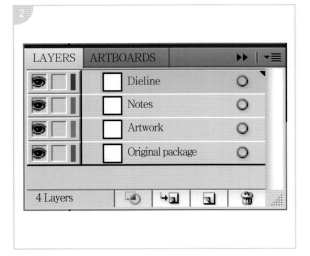

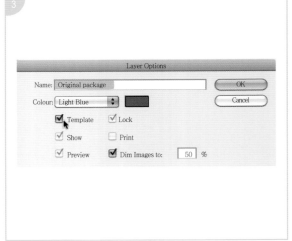

建立图层

建立 4 个图层：分别命名为"模切线"、"设计"、"原
始包装"和"注解"。"模切线"这一层要在最上面。

制作一个模板

当创建好"原始包装"这一图层后，点击模版选项。这
能让"原始包装"这一图层一直保持为可见状态，作为一种
比较浅的底板，能很清楚地看到上面的模切线和设计。

放置设计作品

制作这款小的模版，可以使用 11 英寸 × 8.5 英寸（28 厘米 × 21.6 厘米）的艺术版作为文档尺寸。温柔地拆开整个包装，并且将它扫描。扫描后的图像作为原始包装图层，然后点击面板上的锁定键锁定此图层。

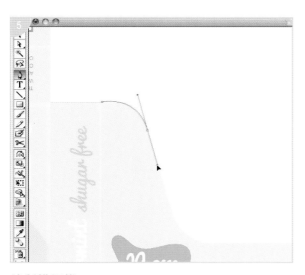

绘制模切线

可以运用形状工具或者是钢笔工具，选择运用起来最顺手的那个来绘制模切线。两个工具都可以，只要绘制出来的线条是清楚的、精准的。

检查尺寸

当在一款现有的模版上设计切线时，需要检查一下模版尺寸的精准度，并且跟在设计中的模切线相比较。

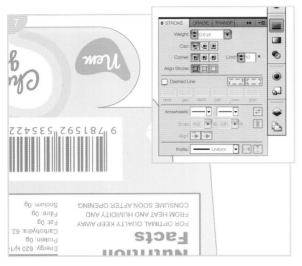

裁剪线

　　裁剪线需要用实心的红线来表示，一般来说是用 0.25 磅或者是 0.5 磅的线。

折叠线

　　折叠线可以用由实心或者虚线的红线表示（在这里运用的是虚线）。

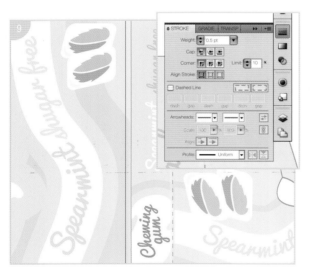

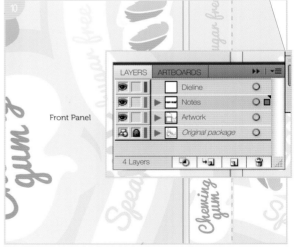

安全边缘线

　　安全边缘线也是参考线，可以用蓝线表示。

标签

　　明确标签部分，可以运用"前置版面"、"粘贴版面"以及"折叠版面"等来命名名字，而且不要放置在注解图层。

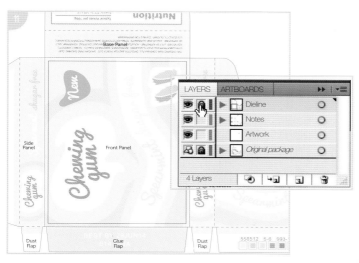

锁定原始包装图层

开始设计模切线时，点击锁定图标，锁定"原始包装"图层。

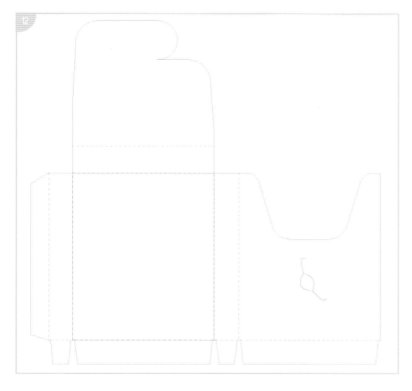

创建模型

一旦有了基本的模切线，就可以把设计的作品放置在设计图层。通过印刷、组装，制作出包装的原型。这会显示出方向、尺寸、字体或者版面上的错误，提供修正的可能。

准备好了模切线，将它交给制版师，并且索要一个小样。如果你拿到的只是数码版本，而不是真正印制出来的版本，可以自己打印出来并组装好，再次检查方向、拼写及版面上的错误等。如果无法打印完整尺寸的模切图，组装一个小尺寸的样板也同样有效。但是这样的话，必须确保缩小时的比例尺寸正确。

网版印刷

这里说的网版印刷教程的前提条件是，需要在有曝光控制器的工作室中进行印刷。如果是在家中自己印刷的话，网络上有很多关于如何在家中利用超压强烈溢光灯泡设置曝光控制器的教程。本书的网版印刷教程是改变自 Green Pea 印刷工作室的瑞秋·雷基（Rachel Lackey）所编写的操作指导。方法技巧是由 Boxbird 画廊的格兰汉·卡特（Graham Carter）和摄影师伊万·琼斯（Ivan Jones）所提供的。

网版

当选择网版时，需要考虑到网目数（这决定了网版材质的疏密程度）。而这取决于你将在承印物上印制什么。网目数越大，网版的材质就会越紧密。反之，材质就会编得地比较疏松，这也会让更多的油墨通过网版。要在纸张上印刷出最理想的效果，可以使用网目数为 230 的网版，这样的网版可以印刷出很多微小的细节，线条也可以印刷的更细致。用织物作为承印物时会比较容易吸收油墨，所以网目数小的网版就比较合适。使用 110 或者 160 网目数的网版会呈现出很好的效果。180 网目数的网版既适合纸张印刷，也适用于织物印刷。

在开始印刷之前，最重要的是标注好网版的正反面。要知道网版的背面是哪一面，并且要保证网版的金属或木质框是光滑齐整的，背面被称为印刷面，或者纸面。正面（也就是印刷时面对着印刷者的这一面）是凹进去的，被称为刀刮面。

永远都要记得检查网格上有没有破洞或裂痕。随时用强力胶水或者小片的布基胶带在网版的两面进行修补。把网版举起来检查感光涂料或者是油墨残留，并且把找到的污渍都用乳胶清洁剂擦拭干净。要确保网版的大小能转印所需图像，网版框的四周保留至少 2 英寸（约 5 厘米）的边缘距离。

感光涂料

使用感光涂料将印刷图案转移到网版上。如果把感光涂料暴露在光下，暴露的部分的就会变硬、结块，印刷时，油墨就无法穿过网版。在未曝光的地方，感光涂料还能保持松软，

虽然最终也会从网版上洗掉这些感光涂料，不过在印刷时，油墨会穿过网版的这些区域，留下图案。

可以使用涂料器或者刮刀来涂抹感光涂料。涂料器是一个专业工具，它能持有一定量的感光剂，再均匀平整地喷涂在网版上。刮刀则是比较简单的工具，因为它无法储存感光涂料。这两个工具都可以使用，如果你是网版印刷的新手，选择涂料器会更容易上手。

混合感光涂料之前要戴上手套，然后在根据感光涂料外包装上的使用说明进行操作（根据所选的感光涂料的用法，这里用了半瓶敏化剂与冷水充分溶解之后，倒入装有感光涂料溶液的容器，再进行充分混合）。

资料库

Hobby Lobby
www.hobbylobby.com
该品牌提供可在家使用的水基网版印刷的快速工具套装，包括感光涂料套装、塑料刮刀和一些织布油墨。

Dick Blick
www.dickblick.com
一个针对小型网版印刷的资料库，包含供应商、化学品、油墨等。网站也展示了一些简单工艺和设计的制作过程视频。

Silk Screening Supplies.com
www.silkscreeningsupplies.com
主要介绍了大规模印刷和塑胶油墨的供应商。网站上针对每件产品都有全面、细致的描述，同样也有一些使用教程的视频。

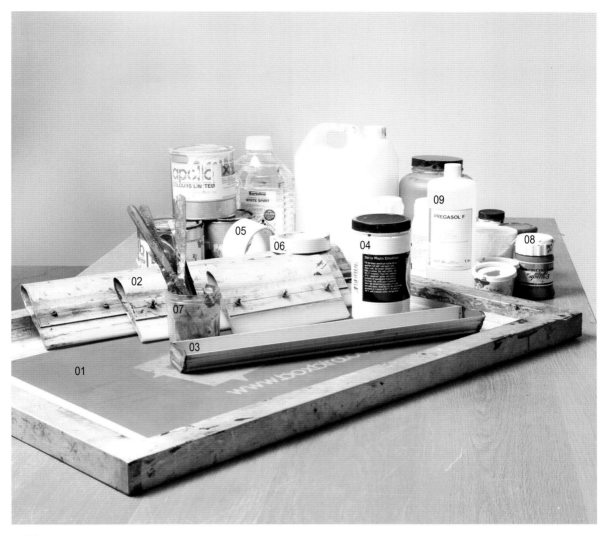

材料

网版印刷必备材料
- 一块干净的网版（01）
- 一把刮刀或一个涂料器（02）
- 一个涂料槽（03）
- 图像感光涂料（04）
- 防水胶布（05）
- 遮蔽胶布（06）
- 搅拌棒或者调色刀（07）
- 油墨或其他介质（08）
- 感光材料去除剂（09）

备选材料和工具
- 橡胶或乳胶手套
- 黑暗干燥的工作区域
- 透明胶片
- 曝光控制器
- 冲刷区
- 雾状喷胶
- 印刷工作台
- 快速干燥器或加热枪

用刮刀的刀锋从网版的顶部由上至下地涂抹材料。如果用的是涂料器，倒入一半的感光剂，仔细小心地倾倒在涂料器的圆形边缘。要马上盖上感光涂料的盖子，并且要盖紧。

用一只手抓住网版倾斜着立起来，倾斜角度不要太大，把刮刀或涂料器的薄边对着网版，离底部框架1英寸（约2.5厘米）左右，把涂料漆紧密地贴在网版上，并涂上薄薄的一层感光涂料。把刮刀或涂料漆移开之前，要先倾斜一点，这样有利于避免涂料滴漏。网版的两面都需要涂上涂料。不要把网版的各个角落都涂满，因为有些边角处是不会被用到的，并且通常会起相反作用。一般在边框四周留出1英寸（约2.5厘米）的空白距离。

在把网版两面都涂了感光剂之后，用涂料器的薄边部分把网版上的涂料整理得薄而均匀，然后把网版两面再涂一遍涂料。涂抹的时候不应该有滴漏、裂纹、线条或者沾上头发。持续涂抹网版两边，直到涂料在网版上涂抹得非常均匀平整。

涂抹网版

刮刀或涂料器的长度应该与网版的宽度几乎一致，但是要能在网版框内随意移动而不会被卡住。在上涂料之前，检查刮刀和涂料器有没有小缺口或者别的损坏。任何薄边上的瑕疵都会让感光涂料涂抹得不平整。如果使用的是刮刀，要

晾干感光涂料

把涂好材料的网版放置在衣柜、橱柜等这样不见光的、干燥的地方。这时网版不能被任何东西碰触到。一些人会把网版靠墙或贴着柜子立着，让它晾干，而有些人更喜欢水平放置，只需用手边的东西把网版的四个角垫起来。风扇可以加速空气流动，缩短晾干的时间。在很好的通风条件下，晾干涂料大概只需要一个小时。

准备图像

需要将图像印制到透明胶片上，并且图案只能是纯黑色的，这样才能阻止光线接触到图像印刷位置上的感光材料。最好的方法就是将电子图像用激光打印机印制到透明胶片上。同样也可以使用喷墨打印机。但是用喷墨打印机时，可能需要打印两张胶片同时使用，这样才能保证图像的颜色足够深。你也可以使用不褪色墨水，用彩笔或者手绘绘图笔直接手绘图案在胶片上。但是千万不要选择记号笔，因为它们使用的墨水会褪色。也可以用透明纸来作为透明胶片，任何透明的材质都可以用：塑料、羊皮纸，甚至是油性复印纸（但是在经过打印机打印后要记得给纸张上油）。

晒制网版

　　当网版上的感光剂已经干了，把透明胶片正面朝上放置在曝光控制器玻璃面的中心位子上。可以用双面胶固定住网版的两个角，但是要确定能在晒版完成后能被快速移开。网版要正面向下，压着透明胶片。图像的顶部应该与网版的顶部相平行，并在四周留有一定的距离。关上盖子并锁上，然后打开真空开关。要记得在盖子与网版中间加一个负重版。

　　当真空力度最强的时候，把时间控制设置为 3 分钟。在 3 分钟过后，灯将开启然后关闭。当灯关了以后，关掉真空功能，然后移动负重版。最后打开曝光控制器，拿掉透明胶片。

洗刷网版

　　把网版拿到水池里立刻冲洗，把表面每一寸的感光涂料都用水洗刷掉。冲洗后，再把网版拿到外面洗刷。把压力水枪的压力设置得比较温和，用软管或者淋浴喷头来冲洗网版的两面，直至图像区域的感光涂料彻底清洗干净。把网版举在灯光下，要彻彻底底地检查。光要能通过网版的每个部分。如果有任何堵塞，无论多小，都要赶紧接着冲洗。网版要等到彻底干燥后才能再次使用。

准备印刷

把网版内部边缘都用胶带保护好。如果使用的是遮蔽胶布和封箱胶带，记得在印刷后要快速移除这些胶带，不然网版上就会留下黏胶。网版上任何不涉及图像的部分都可以用胶布或纸遮蔽住。把网版正面朝下，在印刷台上夹住，固定好。把图像放置在中间（除非是需要其他的对齐方式）。

网版上墨

在网版图像的背后滴少量的油墨。用刮刀刮墨时不要用力地压迫图像，直到油墨完全覆盖了图像。

印刷

双手拿住刮刀，并让角度稍微向自己倾斜。向下施加压力，感觉到刮刀的边缘能接触到下面的表面。刮刀要紧紧地贴合着图像按压。反复重复此动作，要确保所有的油墨都能被转印到印刷物表面。最后把网版抬起来检查，看看有没有要重印的必要。不要忘记先做一次测试印刷。

清理网版

将未干的油墨尽可能地刮下来，收集到一个容器里，等待下次使用。在水龙头下清洗网版，并用一块海绵擦拭干掉的油墨。对图像区域进行喷雾，直到网版上每滴油墨都被彻底洗净，没有任何残留。举着网版对着光检查。这时一定要检查得非常仔细，因为，油墨一旦彻底干了，就几乎不能再被移除了。

图1 米奇·波顿（Mikey Burton）为理查德·巴克纳（Richard Buckner）的演唱会设计的一款海报，运用了三色的网版印刷，赋予了海报大量的包装美感以及手工美感。

图2 MIKMIK 工作室的迈克尔·刘易斯（Michael Lewis）运用一款小型的、自备的打印机 Print Gocco 印制了这些徽章和包装，这款印刷机的凸版印刷功能简单、操作快捷、图像处理清晰。

简单的刻版印刷

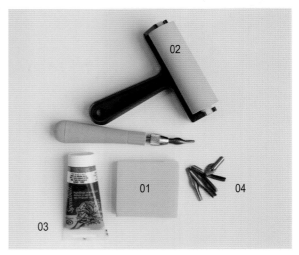

刻板的雕刻及印刷是接触手工印刷界的一个很好的途径。首先，耗材很便宜，制作工艺也比较简单有趣。刻板印刷也被称为凸版印刷，因为是把不需要的部分雕刻去除，只留下突出的图案。你可以在木板、油布以及橡皮上进行雕刻。在这个教程里使用的是非常柔软并且容易雕刻的橡皮。雕刻好的简单印章也可以用来制作个性化的棉布袋。

材料

刻板印刷需要以下的材料：
- 一块橡皮或者油布、木块（01）
- 手推墨辊（02）
- 油墨：油基或者水基油墨，在这个教程里使用的是 Speedball 水基油墨（03）
- 一小片树脂玻璃或者普通玻璃
- 雕刻工具（04）
- 用于印刷的物体（如纸、布料或者棉布袋）
- 一把调羹

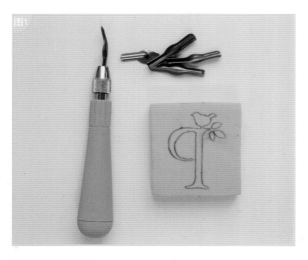

图像的制作转印

从在刻板上绘制或者转印图像开始。首先，可以把要印制的图像在 Illustrator 软件里制作好，再打印出来。然后用描图纸和铅笔描摹图案，描摹时将描图纸放到刻板上，着色面向下。把打印好的图像放在描图纸上，进行临摹。这样就能将图像转印到刻板上。使用这个方法的时候要注意，如果要印制的是字母、文字或者数字，在印版上应该是反过来的。

雕刻图像

刻去印版上图像以外的部分：所剩下的部分就是要印刷的部分。先用小的刻刀雕刻出图像的轮廓，然后用大的刻刀铲除面积比较大的区域。总是去除设计和主体以外的区域，确保图像的整体乃至局部都被完好无损地保留下来。

图3

图4

测试刻板

先做一个印刷测试，来检测刻板是否正确。挤一滴墨水在无孔材质的表面上，如树脂玻璃或普通玻璃上。使用手推墨辊将油墨来回推开，使墨变成薄薄一层依附在墨辊上时，再用墨辊轻轻地碾过刻板。要注意的是，只需将刻板上突出的部分沾上墨水。如果墨水无法避免沾到其他区域时，可以把图像外的区域再刻低一点。从图中的测试印刷可以看出，刻板周围的边角处需要再被雕刻掉一些，这样凸出的图像会更清晰。

印刷

当测试印刷的效果已经比较满意的时候，就可以开始印刷了。有不同的方法可以进行操作。最显而易见的方法就是把刻板当作橡皮印章似的来进行印刷。把印刷物的需要印制的一面放在沾了墨的刻板上，然后用力向下压。也可以选择把纸张放在沾了墨的印版上，用勺子反复摩擦纸张。刻板印刷的方式并没有对与错，只要通过实验找到最适合自己的即可。

图1

图1 这些布料图案是由杰西·布雷腾巴赫（Jesse Breytenbach）通过刻板印刷印制的，展示了凸版印刷细腻的细节部分，将小的图案与线条再现得淋漓尽致。通过植入图案，打破了布料大面积的纹理切割。[照片摄影：沃伦·希思（Warren Heath）]

第 13 章　业界建议

如果你想在包装设计上使用环保材料，那么在接下来的几页中，对于从批量生产到大规模的商业生产，如何保留手工制作的吸引力，从业者们会给出一些意见。

Something's Hiding in Here 工作室

Something's Hiding in Here 工作室的斯蒂芬·罗多特（Stephen Loidolt）和萨娜·艾戴里欧（Shauna Alterio）以胡须棒的设计打开了独立制作的局面，并且在瞬间就变得很受欢迎。在他们位于费城的轮胎工厂内的工作室里，他们花了很多时间缝制他们的畅销产品"Forage"领结。他们没有估算他们的缝纫机的使用寿命是多久，而他们最早的凸版印刷机——Chandler & Price 也仍然在使用中。"在起步阶段，我们没觉得自己的商品需要包装。但当我们开始把货物批发给小商品店时，我们发现产品太需要被包装了！而且很快我们就喜欢上了包装这一环节。现在我们把包装也融入最初的产品设计之中。"萨娜说，"我们热爱简单的元素，并且一直坚持自己印刷。我们花费了比任何理性的商业建议都多的时间、精力和金钱在包装上，因为我们喜欢包装。"

这个工作室的起步纯属偶然。"几年之前，我们决定在 Renegada 手工艺展销会上租一个摊位，以此筹些钱用来购买新电脑。但是结果比我们预期的好很多，并且非常有效。在展会结束前的周末我们就买了一台新电脑，并且接到我们第一笔批量生产的订单。接下来的一周，我们开了自己的 Esty 商店（一个网络销售平台）。并且一直坚持到现在。我们用'Something's Hiding in Here'作为名称，是因为我们知道我们自己的产品会参与到这个品牌中，我们也希望这个名称可以跟我们一起成长，而且不会过早、过快地把我们定位了。我们从未想过创业，并且很长一段时间内我们拒绝承认这一点。我们害怕如果一旦变成了职业，原本有趣的事情看起来也会变得无聊。很幸运的是，我们的合作关系很快就发展成了友谊，这也有助于一路上培养我们的事业。从博客到实体店，再到作者、摄影师以及编辑，我们得到了很多不可思议的机会，让我们的事业良性发展。"

图 1　罗多特和艾戴里欧运用他们熟悉的印刷工具和技术，完全手工制作。图中的盒子和标签，是他们用凸版印刷和丝网印刷制作而成的。

图1

关于 Something's Hiding in Here 设计的吊牌的案例分析,请看 P56。

"我们热爱简单的元素,并且一直坚持自己印刷。我们花费了比任何理性的商业建议都多的时间、精力和金钱在包装上,因为我们喜欢包装。"

斯蒂芬和萨娜发现了一个巨大的灵感来源,那就是古董和早期的印刷品。"从 20 世纪初的过度装饰的收银条到张贴画,再到 20 世纪中叶的宣传册,我们的审美已经变得亦古亦今了。我们热衷于思考产品在平面上看起来是怎样的,如果陈列在商店的货架上又会是什么样的,或者当成礼物时又是什么样的。"

斯蒂芬和萨娜所使用的工具、方法和工艺都是经过精心挑选和细致打磨的。"我们有特别喜爱的材料,热衷于使用它们,并且是持续地使用。我们一直在收集各种工具,这让我们的工作室得以发展,这样我们

就可以在工作室里制作更多的东西。当我们收购了一个老式的凸版印刷机用来印刷包装时,我们会把印刷机提高到一个更好的使用水平。除了我们的 Chandler & Price 图版印刷机以外,我们还依赖于我们的古董立式裁纸机、一把老式的刀模和大量的棉线及牛皮纸标签板。"

对于有可能成为包装设计者的人,斯蒂芬和萨娜提供了如下建议:"让包装变得内敛和简单。不要把包装复杂化,只要设计符合功能即可。"

设计师艾瑞克·卡斯

艾瑞克·卡斯（Eric Kass）是一个多产的艺术家和设计师，现在定居在美国印第安纳州。他的作品有着鲜明的个人风格，并且因其手工质感和美感所出名。他的作品被 25 本杂志和 40 多本书收录，参加过 30 多个展览，在网络上也随处可见他的作品。他有着多年丰富的设计经验，获得了很多设计奖项，从品牌最初的建立、销售，到提供别具一格的创造性设计，他为全球很多赞助商提供了品牌服务。在 2005 年，他在印第安纳州的印第安纳波利斯市成立了自己的公司：艾瑞克·卡斯商业艺术实践公司（Funnel:The Fine Commercial Art Pratice of Eric Kass）。

卡斯一直对字体很着迷。"在小学时，由于某种原因，我发现世界百科全书里的手写'H'字母有着不同的字体风格。 第二天我在学校传递情书给我喜欢的女孩时就用黑体字写女孩的名字，虽然她们不会因为我的字而倾倒，但是回想起来，那应该就是我迷恋字体的开始。我的第一份工作是在一个不用电脑的设计公司里做暑期实习，在那我主要负责打扫固定式摄影相机以及跑腿去拿各种排字字体。这就需要我在市区里穿梭，去不同的公司取所需要的字体，同时也会用到丁字尺、三角板、曲线板、油漆记号笔、琥珀胶片、塑料泡沫以及美工刀。我从波尔州立大学毕业，获得了艺术学士学位。当我在一家印厂工作，这给了我宝贵的生产制作经验。大学毕业后，我在很多地方工作过，从大型的广告公司到 B2B 市场设计公司，还有以消费者为导向的设计精品店，然后就是我与几个合伙人共同开设的设计公司了。在 2005 年，我成立了自己的公司。"（网址：www.funnel.tv）

当讲述他大概的设计方法时，卡斯介绍说："我对讲述有诱惑力的、引人入胜的、具有煽动性的故事非常感兴趣。我竭力创作出动人的、令人难忘的、被人欣赏的个人作品。我跟一些令人惊讶的、能带给我启发的、具有饱满热情的品牌客户合作。他们委托我构思出精巧可爱的设计作品，并且艺术化地表达他们品牌的内涵。每开始一个包装设计项目，在设计之初我都会提出很多问题。我们想要表达什么？我们想要为消费者营造出怎样的一种体验？是否会上架出售？货物是怎样运输的？它将如何被陈列？为什么是这样的一件商品？这款产品在包装上有哪些法规上的特殊规定？如此等等。"

卡斯的灵感来源很多，包括了"发霉的蜉蝣印花、既传统又有些即兴色彩的中世纪爵士乐、杰克逊·波洛克（Jackson Pollock）的激情画作、漫画家查尔斯·舒兹（Charles Schulz）作品中的忧郁的机智以及安迪·沃霍尔（Andy Warhol）的鼓舞人心的疯狂哲学，从各种不经意的角落中发现大量的废弃物、琐碎的文件档案，传奇传记，精准的令人叹为观止的星相学中发现的天真的、不加掩饰的字体以及古老又神秘的东方思想中的佗寂（Wabi Sabi）的审美观念——追求事物的残缺之美，不完善、不永恒、不圆满。"

卡斯的作品中运用了很多种不同的方法以及工艺。"每种工艺我都要尝试一下，像是凸版印刷、雕版印刷、平板胶印、网版印刷以及橡胶印章。我享受运用不同的方法，像是用刻板印刷或者是凸版印刷来打破印刷品表面原有的尺寸，或者用网版印刷和橡胶印章来改变印

图1

在本书的P120上也有艾瑞克·卡斯设计的再利用包装的案例分析。

图1 这款香薰蜡烛系列产品的标签制作费用较低，是因为使用了单色印刷。第二种颜色是由手工印章添加的，这也为标签提供了个性化，也区别了蜡烛的各种香味。

刷品表面的质感。运用不同材料和工艺创造出各类能相互融合的质感，这样的感觉非常棒。"经过一段设计实践后，他发现坚持某几个设计工艺是比较有用的。"一旦确定了设计的主题和方向，我就会按照实际大小做一个打样样品，以此来检测设计品拿在手里的质感，或者摆放在货架上的感觉。有时，我甚至会把打样带到商店里跟市场上的其他产品相比较。"

对于卡斯来说，设计里手工制造的元素或手工美感至关重要。"这种手工制作的不完美感、不对称的特有气质，让设计感觉更有个性化，更有人情味，在日趋数字化的世界里也更显得真实。包装设计与顾客之间建立起有人情味的、实实在在的关联是非常有益的。"

卡斯对可持续利用的包装也非常感兴趣。"可以留作他用或者可自然降解的包装是很耐人寻味的。香蕉被香蕉皮包裹得很完整。牛油果也很惊人，在从内到外把果肉挖出来食用过后，还能留下薄薄的、不变的果皮。我记得几年前看到有人做培植方型水果的实验，这样的水果不仅容易包装，而且还可以在果皮上留下标志，是个非常有趣的尝试。"

为了激励包装设计师们，卡斯给出了以下建议："主题、设计、工艺以及功能都是紧密相连的，要理解并且贯彻这一理念，把包装设计变得具有挑战性，并且更加迷人。"

我享受运用不同的方法，如用刻板印刷或者凸版印刷来打破印刷品表面原有的尺寸，或者用网版印刷和橡胶印章来改变印刷品表面的质感。

Hammerpress 工作室

Hammerpress 是一个凸版印刷及设计工作室，在 1994 年成立于美国马萨诸塞州的堪萨斯城，当时还只是一个印刷店，而如今已经发展成为一个中型规模的工作室。该工作室擅长定制邀请函、证件及名片设计印刷、凸版印刷海报以及艺术画，并且也可以设计完整的系列文具产品和问候卡片。

设计总监布兰迪·韦斯特（Brady Vest）阐述了 Hammerpress 工作室是如何成长起来的。"在 1992 年前后我开始以 Hammerpress 这个名字工作。我当时和一帮乐队的朋友们住在堪萨斯城周边，然后我们开始为这些乐队手工印刷包装。当我大学毕业的时候，我开始寻找适合的仪器，并找到了一些很不错的字体和印刷机器。就此，我建立了实体店并且开始接手更多来自于设计公司或者定制客户的设计项目。"

Hammerpress 的第一个包装项目是为乐队 Giants Chair（巨人椅子）进行设计。韦斯特解释说："乐队的成员时至今日仍是我的好朋友，他们曾是（20 世纪）90 年代初期到中期堪萨斯市的一支具有传奇色彩的后摇（Post Rock）乐队。我们印制了 500 张 CD 盒和 500 张黑胶唱片包装，这些都是在手摇式 Chandler & Price 印刷机上进行手工丝网印刷的（该印刷机没有电动或脚踏板）。这是 Hammerpress 设计的包装里我最喜欢的一款。制作的过程就像是一个探索的过程，学会了如何以及哪里可以完成裁剪制作，从哪可以买到那些诡异的灰色纸张，当时我们手头只有一点这种纸张的样本，为此我们跑遍了整个堪萨斯，询问了每一个可能知道这款纸张的人。"

Hammerpress 为客户提供多种不同的设计方案。"Anna Mae（详见本书 P94）和 Bearhouse（详见本书 P92）都是令人不可思议的可爱客户，但是同时也比较难对付。因为 Anna Mae 的产品定位和产品数量，我们不得不提供更多细节设计稿来得到他们的肯定。即使这些设计只是电子版的，但所用的大多数字体和边框/装饰材料都是从我们的印刷店实地找到的。"韦斯特说，"为 Bearhouse 设计的过程是非常复杂的。我们把一些想法用铅笔草图粗略地勾勒出来——体现了产品的构成和定位，并且制作了情绪版，收集了我们制作的有相似感觉的其他设计项目。我们讨论了各种可以用来装饰的材料、纸张、颜色等。因此，我们得到了认可并且开始在印刷工作台上将各种材料拼凑起来。当第一种颜色被确定之后，我们便开始着手印刷。然后我们再用同样方法印刷第二种、第三种和第四种颜色。这一制作过程大多都是手工的、有机的，并且需要密集型的劳动。"

我们所关心的是如何利用材料与设计审美的结合来满足设计的需求，同样也能结合项目的创意。

韦斯特从自己收集的早期包装、明星片、火柴盒、印章、唱片、票根或者其他复古的物件中找寻灵感。"我们所关心的是如何利用材料与设计审美的结合来满足设计的需求，同样也能结合项目的创意。我从小就购买各种唱片，并且在根本没听唱片的内容之前就能被唱片本身所吸引。除了客户自身的要求，我们的目标是制作一些具有真切实感的设计，有明确的时代感，能看起来像是 50 年前制作的，或者是上个礼拜刚刚出炉的。"

为了将更多样的设计工艺运用到设计之中，

在 Hammerpress 的设计团队尝试了与外包团队一起合作之后，更加确信了要亲力亲为地做设计，并且专注于他们擅长的——凸版印刷。"Anna Mea 项目的设计对于客户和我们都树立了坚定的信念。这是我们第一次接手如此大规模的提前预制的包装项目，我们对此毫无经验。我们主要的产品印刷工人艾瑞克使这个项目变为了现实。他对于 Heidelberg 印刷机的经验在这个项目上让我们受益无穷——眼看着无数的满箱空白袋变为同样无数的装满经过凸版印刷的面包包装袋的箱子。"

> 92 04
Hammerpress 工作室的胶片和食品包装案例分析可以看本书的 P92 及 P94 页。

图1 为了传递"传承"这一理念，针对这款以祖传菜谱为基础的产品，Hammerpress 工作室设计结合了早期木头字体和树叶装饰，并运用凸版印刷进行印制。

Stitch Design Co. 公司

艾米·帕特雷斯（Amy Pastre）和考特尼·罗森（Courteny Rowson）是两位动手能力非常强的设计师，她们在2009年联手在美国南加州的查尔斯顿市创建了这一全方位的设计公司Stitch。公司为各种大大小小的设计项目提供量身打造的解决方案。

在获得平面设计学位之后，帕特雷斯从迈阿密搬到查尔斯顿，开始了她的职业生涯，起先在一家报社和小设计公司积累经验。罗森在一家旧金山的设计公司工作了几年后，又去位于教堂山的北卡罗来纳大学进修，在跟帕特雷斯合作之前，罗森一直是独立工作的。

她们第一个包装项目是为烘焙咖啡豆品牌King Bean Coffee Roasters进行设计。"该品牌是一家小型咖啡烘焙企业，主要供应当地的餐馆。他们最初找到我们是想重塑品牌形象。当我们完成了品牌重塑以后，开始与他们合作新的品牌，并要打入餐厅食物包装和零售包装市场。首先，他们希望自己的产品能够反映出他们在查尔斯顿咖啡市场的经验及专业。与此同时，作为小公司，他们的预算成本也有限。对于餐厅食物包装，我们特别设计了打包胶带和标签系统，每个包装我们都用胶带贴好，并贴上定制的标签。零售包装是对餐厅食物包装的补充，零售包装用丝网印刷将一些基本信息和更细致的标签系统印制在包装上。这种方法为最终产品的包装提供了性价比很高的解决方案，并且也是一种有层次感、有定制感的方案。"帕特雷斯说。

帕特雷斯和罗森的包装设计方式在他们大多数的项目中都保持一致。"设计包装时，最重要的就是使用性——这保证了一款包装不仅设计得巧妙、漂亮，而且能在众多同类商品中脱颖而出，在打上品牌烙印的同时，也能起到包装的作用。在做任何项目之前，我们都会对设计和文字进行大量的设计和研究。我们会与客户当面交谈，倾听他们对包装的需求和想要达到的效果，同时也试着去了解更多客户可能提供的线索。我们同样也会要求客户与我们分享灵感。怎样的视觉设计对他们来说比较有共鸣？哪些视觉设计他们并不喜欢？当我们自己调研的时候，我们也会去寻找其他范围的设计作品，为了得到更多灵感。织物设计、产品设计以及内饰设计都是我们的灵感来源。一个项目从头到尾，纸张、原料、色彩以及印刷工艺是我们放在第一位考虑的。产品的手感如何？希望客户得到怎样的设计体验呢？如何运用纸张和其他材料来巩固我们的设计方向？我们尽力在项目伊始就解答了所有设计上的疑问。当设计完成之后，就进入下一阶段，在这一阶段包括了反复的包装测试，确保包装的功能性既适用于产品，也适合顾客的需求。"帕特雷斯说。

我们希望用户在接触到我们的设计时能微笑，有眼前一亮的感觉，并且能从指间感受到我们的设计。纸张、材质以及我们所选用的物品都是自然而然的选择。我们的设计方式似乎比较符合这一类别的设计。手工制作本身就能呈现出一种美感。

当谈及灵感时，帕特雷斯和罗森看着产品本身以及现有的品牌。"我们努力去捕捉产品和品牌的精华，然后体现在包装上。我们一直追求制作性价比高、有沟通力的、吸引人的包装，并且一直从过去的事物中找寻新的创作灵感。在开始一个设计之前，我们都会去翻看古早的字体、图案和印刷方法，力求在过去的设计之中找到平衡，融入我们的设计中，呈现简洁、现代的美感。织物、时尚、旧书、美食、室内设计、博客、旅行……这些都能带给我们灵感，或者借由这些去寻找灵感。发掘新餐厅，参观博物馆，探索不同的人文风情，感受当地文化，都能为我们的创造力注入力量。"

Stitch 的设计已经摸索到一些适合自己的印刷方式。"我们主要使用平版印刷，丝网印刷和凸版印刷。一般我们都运用混合的印刷方式，这样效果更加理想。混合纸张和印刷工艺能给予成品一定的深度和别致的外观。曾经印刷设计师的经验背景也对我们的包装设计有一定的影响。能将之前所学的知识运用到包装设计中对我们来说特别有利。"

手工制作的美感和元素也变成 Stitch 设计中不可缺少的部分了。帕特雷斯阐述说："实验性的设计对 Stitch 来说非常重要。我们希望用户在接触到我们的设计时能微笑，有眼前一亮的感觉，并且能从指间感受到我们的设计。纸张、材质以及我们所选用的物品都是自然而然的选择。我们的设计方式似乎比较符合这一类别的设计。手工制作本身就能呈现出一种美感。"

当谈到当下的包装设计，帕特雷斯和罗森表示很享受当设计师，并且现在面向的更多的是有着设计理解力的受众群体。"总体来说，消费者越来越意识到设计的重要性，并且识别好的设计的敏锐度越来越高。这种意识存在也提高了包装设计的水准。看到现在更多的设计师简化了设计和用料，减少了浪费，但仍能设计出更好的产品，这让我们感到很欣喜。"

对于初学的包装设计师，Stitch 设计公司建议："不要着急，从容设计。当你要为帽子设计包装时，你一定要试戴几种不同款式。要考虑成本、设计以及功能。包装是一个复杂的工程，所以要保证自己有充足的时间来设计及检测多种包装方式。"

图1

Stitch 设计的包裹式包装及再利用包装的案例分析，请看本书的 P108 和 P116。

图 1　Stitch 设计公司为一蜡烛系列产品运用了多层次的标签系统，不仅涵盖了所有的基本信息，也体现出产品的颜色、质感以及特征。

Design Bridge 设计机构

Design Bridge 是一家国际化的品牌设计机构，致力于创造、重建、发展消费者品牌和公司品牌。该公司成立于 1986 年，为在品牌创新、品牌战略、品牌识别和品牌包装等方面提供综合解决方案以及所需的专业知识和技能。他们已经与分布 50 个国家的品牌客户建立了合作关系，像是 Unilever、TNT、Sara Lee、Kraft 以及 Cadbury，并且在伦敦、阿姆斯特丹以及新加坡都设有办事处。

Design Bridge 早期的项目之一就是为啤酒品牌 Bulmer's Woodpecker（布尔玛的啄木鸟）进行再设计，该品牌是一个经典的、深受人们喜欢的英国品牌。集团创意总监格拉曼·萨赞（Graham Southern）说：“我希望将啄木鸟的特点生动再现，并且呈现出一个比较大胆的风格。我与插画师迪兹·沃利斯（Diz Wallis）合作，把啄木鸟结合到啤酒的标签上。我认为这个包装设计至少可以经过 25 年的时间考验，整个排版设计非常具有时代感。”

公司的设计流程建立在一个精心设计的原则上。萨赞说：我们做任何一个项目都用相同的方法——我们在创作上的原则，可以用来判断所有的工作，主要总结为 DesignBridge 的五大概念：

- 简单但不粗糙
- 专注于品牌真谛
- 温暖人心并迷人
- 精准地执行制作
- 经典并令人难忘

“要往深处去挖掘、了解品牌的真谛和个性，对我们来说至关重要。忠于品牌内涵，以独特的方式捕捉到人们的注意力，并在情感上的进行交流。我一直能从一些经典的包装中得到启发，像是 Gitanes（一个烟草品牌）的包装，只用一个小烟盒就体现出一个吉卜赛女郎在烟雾弥漫的夜总会里跳舞的形象，与此同时设计师的名字 M.Ponty 也被印制在包装上。商业化的艺术是非常具有诱惑力的，我也一直相信这个本质。我们所有的设计都会经过我们自己的创作哲学的检验，这也确保了能将设计变为现实。”

对我来说，手工制作元素最重要的特性就是能带给包装具有深度且独特的鲜明个性。

Design Bridge 的食品包装的案例分析可以参考本书 P96。

图1 这款巧妙的设计将简单的牛皮纸升华为一种具有情绪体现的高雅包装。心形的标志是由一个数字 2 和另一个 2 的镜像图案所组成的，不仅体现了产品的名称，同样也暗示了产品基本风味的数量，很容易与温暖人心的家庭烘焙联系在一起。

提到 Design Bridge 的设计方法与工艺，萨赞补充道："我们对细节和完整度也非常重视。我鼓励设计师们运用肌理和一些独特的方式。我们的设计总是包含一些定制或者是手工的元素。深度和真实感也很关键，但每个设计项目都需要有一定的区别，而且要合适。制作也非常重要——我们与很专业的印刷顾问合作，他们能用具有挑战的方法将设计呈现出最惊人的效果。"

手工制作的美感是 Design Bridge 设计工作的重中之重。"对我来说，手工制作元素最重要的特性就是能带给包装一种具有深度且独特的鲜明个性。我非常支持手工技艺，并且我们也有些常客会在我们举办一些工作坊里接触练习手工技能。"

萨赞发现现代包装是一种能令人感到兴奋并能受到启发的事物。"我觉得现下已经逐渐演变成一个将包装视为商品的时代。最近我看到一些来自全球的想法大胆的并且着眼于细节的设计。这些设计来自于新兴市场。作为最近一个包装奖项的评委之一，我发现最具有冲击力的设计通常来自于一些最不寻常的地方。"

萨赞建议包装设计师们，"要保持好奇心，不要盲目追随潮流或时尚；要设计得不受时间限制，不要看屏幕上会出现的东西；尝试装点包装，但不要过于复杂，或遗忘了设计概要。总是对疑问持开放的态度。一些奇妙的想法经常在项目快要结束的时候闪现。"

Ilovedust 精品设计公司

Ilovedust 是一个全方位的精品设计公司,在平面设计、插画、动画以及潮流预测方面提供创意服务。他们在东伦敦的中心和英国南部的沿海城市汉普郡开设了两个截然不同的工作室。"两种环境的结合带给我们一种特别的、具有启发性的视角。"合伙人马克·格兰汉姆(Mark Graham)解释说。两个工作室相互合作,为国际品牌创造新鲜、创新的设计。

马克·格兰汉和本·贝弛(Ben Beach)于2003年成立了这家公司。"我们是在为普利茅斯的一个服装品牌工作的时候认识的,并且建立了深厚的友谊。我们曾谈到过应该要做自己的设计,应该会比我们当时的设计工作要更好。于是,Ilovedust 就此诞生了。虽然创立的基础是出于对当时现状的不满,但也是一种对新鲜事物的渴望。"格兰汉姆说。

Ilovedust 的第一个包装项目是为布勒克伦松子酒(Breuckelen gin)设计的。"当时我们特别迫切地想设计一些包装,所以我给周边所有的小型的酿酒厂发邮件,看是否有厂家需要帮助。布勒克伦找到了我们,并且承诺只要是单一色调的设计都可以按照我们的意愿进行,我们还把他的狗融入了设计之中。"

Ilovedust 的设计方法都是以合作作为基础。"我们一般从两到三个不同的角度来看待事物。基于工作室的规模,我们能从设计师们那得到多重想法和多种审美建议。这样也使得我们在做各种产品包装的时候只局限于一两种特定的样子。我觉得我们的工作室设计产品的时候不像一般的主流包装设计公司。我们虽然不是专业出身,但这也让我们尽自己所能在设计时找到突破点,让客户更信任我们。这也让我们在设计时能保持兴奋,而不感到只是公式化的操作流程。"

包装上增添质感的元素非常重要。运用手工元素也是为设计想法增添温暖和深度的一种方式。我们相信如果能正确运用某种肌理触感，会更增添包装的质感。

Ilovedust 的包装盒设计的案例分析详见本书 P68。

图 1　Ilovedust 为"蔬菜种植箱"设计了一款具有很强手工质感的包装，反映了亲手种植的园艺特性。

说到设计方法和制作，Ilovedust 比较谨慎。"打乱和抛弃脑海中那些已知的，这可能是我们在工作中唯一真正坚持的方式。与这么一群好的平面设计师和插画师合作，我们努力去创造一些新颖的设计。凸版印刷一直都充满着乐趣，而网版印刷也是我们频繁使用的。我们从亲力亲为的制作设计中得到极大满足。我们也开始越来越多地运用定制，数字印刷技术使更多种多样的内容都可以被印刷，也打开了制作和设计的全新思路，设计出很多具有启发性的事物。这也驱使我们努力融入其中。不同的印刷技术和材料每天都层出不穷，由此也促使我们不断地反思还有什么可以做的。"

格兰汉姆认为手工制作的美感会为设计增添一定的价值。"包装上增添质感的元素非常重要。运用手工元素是也是为设计想法增添温暖和深度的一种方式。我们相信如果能正确运用某种肌理触感，更增添包装的质感。"

格兰汉姆建议包装设计师们："挖掘自己的潜力，也挖掘客户的潜力，并且看看别人之前已经做过了什么。许多想法和设计多年来都在不断地改变，重温过去的设计也能像展望未来趋势般令人兴奋。"

资源与信息

专业术语

材料

Art Paper：艺术纸
参考涂料纸，上浆纸。

CartonBoard：纸板
一种纤维压制的材料，有着各种不同的重量，因为其良好的结构和印刷性能而广泛使用在消费品包装中。

Coated Stock：铜版纸
表面有一定硬度且平滑的纸张，适合印刷半色调图像。表面涂有陶土涂层。

Corrugated Board: 瓦楞纸板
波形瓦楞纸组合在一起变成瓦楞纸板，瓦楞纸有良好的延展性和强硬度。通常在初级包装上使用。

Crown Cork: 冠形瓶盖
金属的瓶盖，通常有橡胶垫在瓶盖内侧，用于玻璃瓶封口。

Folded Boxboard: 可折叠箱纸板
材质与纸板（cartonboard）一样。

Heat-shrunk Sleeves：热收缩膜
在容器的表面贴上印刷好的塑料薄膜，然后将表面加热收缩后，完全包裹住，就变成了一个永久的标签。

High-density Polyethylene: 高密度聚乙烯
一种广泛用于包装行业的高强度的热塑性塑料，使用范围从塑料袋到硬性容器。

Low-density Polyethylene: 低密度聚乙烯
一种非常坚硬的热塑性塑料包装，应用范围广泛。从多功能饮料罐的拉环到涂层容器，提供了一个透明的保护屏障。

Metallized Film: 金属化薄膜
由塑料和金属组成的层状膜，这种金属膜既有（金属光泽的）装饰感，又具有（屏障保护的）功能性。

Oriented Polypropylene Labeling（OPP）：定向聚丙烯
作为坚硬和耐湿的塑料标签，可用于在高速下的切割和堆叠，特别是用于卷筒印刷。

Polyethylene Terephthalate（PET）：聚酯合成纤维
一种热塑性塑料，因为它的强度和阻隔性能广泛地用于装瓶行业。

Polyethylene：聚乙烯
一种有着多种颜色的柔软的塑料片材，包括了透明和磨砂质地。

Pressure-sensitive Labeling：不干胶标签
标签制作分为三层：纸、透明胶和背纸。当背纸移除时，用力下压，标签就会被粘贴在表面上。

Pulpboard: 纸浆浆板
由木浆制成的无涂层浆板。

Shrink-wrap Film: 热收缩膜
将透明的塑料薄膜加热后，在产品和容器外进行包裹，收缩或密封后可以形成一个紧贴的薄膜 。

Stock: 纸材料
另一种在设计中对纸或纸板的叫法。

Uncoated Stock: 未涂层纸料
比涂层纸张的表面粗糙，是一种既笨重又不透明的纸张。

Vinyl Labeling: 乙烯标签
有多种颜色的塑料黏合材料。

印刷

Bespoke Pantone Colors：定制潘通颜色
由多种颜色混合制作出的一款新颜色，并且不包含在潘通色卡范围内。

CMYK: 印刷色
详见全彩（full color）印刷。

Ceramic Labeling: 陶瓷标签
将陶瓷油墨通过网版印刷直接印制到玻璃瓶表面，作为标签。

Duotone: 双色印刷
两种颜色混合印刷在一起，让图像的颜色变得更饱满、更浓重。

Full Color：全彩印刷
几乎所有的大批量印刷都使用平版图像油墨。一般来说，实现全色彩印刷需要四个颜色组合在一起：青色（cyan）、品红（magenta）、黄色（yellow）和黑色（black/key）。

Full-color Black: 全彩黑
由青色、品红和黄色油墨混合出的黑色。

Gocco: Gocco 打印机
一款网版印刷系统，运用闪光灯、碳素图像影印以及感光屏。当手动控制灯泡曝光后，碳会将感光屏上的图像烫制到网版上。一次或多次印刷都可运用几种不同颜色的油墨，如果要重新上色的话，也是可以销毁修改的。

Halftone: 半色调印刷
一种复制图案的方法，将细小的点以不同的密度分布，模拟全色调的氛围。

Holographic: 全息影像
在适当的照明条件下，用分裂的激光光束打造出三维立体影像。

Metallix Printing System: Metallix 印刷系统
这种打印系统不需要使用金属油墨。颜色和金属效果建立为不同的打印元素使用随机的半色调网版，并用两种清漆达成连线印刷效果。

Offset Lithography: 平版胶印
这是一种运用印版的印刷方法，印刷板的图像区域是吸附油墨的，而非图像区域是排斥油墨的。无图像的地方可以涂上水，以此排斥油性油墨，也可以用排斥油墨的材料覆盖无图像区域，例如硅。

Pantone: 潘通色系
这是一套国际的专业颜色对比系统，创造出包括四色组、特殊"定制"颜色、金属色、荧光色以及粉彩色。

Pantone Special：定制潘通色
由潘通色号混合制作出来的特殊的颜色，并以数字和字母来进行描述，代表不同的颜色。

Process Colors: 四色印刷
详见全彩印刷（Full color）

Screenpriting: 网版印刷
这种印刷方式是用海绵将油墨涂抹在精细的网目上。相比胶印来说，油墨会更密集，也可以在很多材料上进行印刷。

Spot Color: 专色
不是由四个基本色衍生出的特别颜色。

Tritone：三色
印刷时同时运用三种颜色，使得图像在颜色上更饱满、更集中。

Two Passes Of Ink: 两次上墨
同一种颜色印刷两次，第二次印刷时直接覆盖第一次的印刷，创造出更有深度、更强烈的效果。

Vegetable-based Inks: 植物油墨
由植物基底制作而成的油墨，与石油油墨这种矿物质油墨相反，植物油墨更加环保。

Web-fed Press: 卷筒给纸印刷
在连续滚动的纸张或塑料薄膜上进行打印。印刷速度快，并且正反两面可以同时印刷。

修整

Cut-and-stack Labeling: 裁切和堆叠标签
一种传统的制作标签的方法，将标签制作成一叠整齐的纸张。比现代通用的卷筒印刷工艺效率低。

Cuttting Form: 成型
详见模切（Die-cutting）。

Debossing: 凹印法
把图案压制到印刷材料表面上。这种工艺也叫作盲凹陷（blind embossing）。

Die-cutting: 模切
这是一种在纸板上制作剪切复杂形状的方法。这个工艺需要一个定制的模具，有锋利的钢边构造，以裁剪出所需要的形状。

Embossing: 凹凸印刷
用于制作表面凸起的印花，是将印刷材料在一块凹版和凸版之间按压后制作而成的。

Etching: 蚀刻印刷
是一种通常用酸性物质将金属或玻璃表面腐蚀印刻的工艺。

Foil Blocking: 烫金
详见烫金印制（Hot-foil stamping）。

Hot-foil Stamping：烫金印制
将加热的金属薄膜运用特殊的印刷工艺，可以在纸张、乙烯纺织物、木材、硬塑料、皮革以及其他材料上创造出闪亮的设计。烫金可以用几种英文表达，可以叫热印（hot stamping）、干印（dry stamping）、锡箔印（foil imprinting）或者卷箔压印（leaf stamping）。

Lamination: 压膜
将亚光的或者光滑的保护膜贴在打印的纸张或卡片外面。

Laser Cutting: 激光裁剪
一种运用激光束来进行复杂切割的工艺，可以运用在大部分材料上。

Reel-fed Labeling: 滚筒贴标
一种用滚动把标签贴在容器上的工艺。传送速度很快，这个工艺成本比较低并且成品效果出众。

"Soft-touch" Varnish: 软触式上光
一种具有缝隙感的上光效果，喷涂后会让表面变得细致柔软。

Spot Varnish： 局部上光
详见 UV 上光。

UV Varnish: UV 上光
一种在网版印刷中运用的塑料基底上光，适用于亚光、缎面和光滑的表面处理。这种工艺可以用于整个表面，也可以用于局部上光，这种技术可以让设计师将所需要的元素单独上光，也可以突出印刷页面上的某些元素。

常用网站

指导网站

包装
www.packagingprice.com
www.packstrat.com
www.sustainablepackaging.org

物流
www.iship.com
www.intershipper.com.

Gocco 打印机
www.savegocco.com

凸字印刷
www.briarpress.org
www.fiveroses.org/intro.htm.

网版印刷
www.silkscreeningsupplies.com

材料

瓶子、包袋以及盒子
www.associatedbag.com
www.clearbags.com
www.ebottles.com
www.muslinbag.com
www.packagingsupplies.com
www.speciltybottle.com
www.uline.com

布料和纸张
www.molded-pulp.com
www.nashvillewraps.com
www.papermart.com

标签和吊牌
www.uline.com

工具和仪器
www.dickblick.com
www.hobbylobby.com
www.silkscreeningsupplies.com

启发
www.thedieline.com
http://lovelypackage.com
www.packagingoftheworld.com
http://packaginguqam.blogspot.com
www.spoonflower.com
www.sustainablepackaging.org

作者简介

瑞秋·威尔斯（Rachel Wiles）是一名艺术家、设计师及作家。她喜爱各种类型的包装，并钟爱那些有着手工制作元素的包装。

她是著名的包装博客 The Dieline.com 的撰稿人，并为很多设计出版物写稿，并开设了一家小型设计工作室——Benign Objects（www.benignobjects.com），致力于小型企业的品牌化、包装、平面插画以及办公用品。同时，她也在网上销售她自己创作的商品（http://www.etsy.com/shop/BenignObjects）。

瑞秋的博客（http://benignobjects.blogspot.com）主要展示了各种形态的设计。她现在居住于美国东部。

鸣谢

我衷心地感谢这本书里的所有的撰稿人（并且因此结识了很多新朋友），感谢你们在繁忙的生活中抽出时间来分享你们美妙的作品和有见地的视角。如果没有你们，就不会有这本书。

我还想感谢 RotoVision 的杰出团队，给予我这个机会，并且一路上给我提供了很多宝贵意见。

我的家庭是我灵感和支持的不变源泉，而我的丈夫是照亮我生命的最耀眼的光束。能拥有他们的爱和欢乐，让我感激不已。

最后，我要感谢我的高中英语老师，琳达·托马斯（Linda Thomas）女士，是她教会了我使用分词和动名词，并且鼓励我写作。路易斯·柯布斯（Lewis Cobbs）先生培养了我对阅读的终身热爱，他用他无尽的知识和出众的能力培养了学生们对文学的各方面的兴趣——从莎士比亚到奥德赛。